普通高等学校“十三五”精品规划教材

大学计算机实践指导

王观玉　周力军　吉双鼎　主编

西南交通大学出版社
·成都·

图书在版编目（CIP）数据

大学计算机实践指导 / 王观玉，周力军，吉双鼎主编. —成都：西南交通大学出版社，2019.1（2021.7 重印）
ISBN 978-7-5643-6749-7

Ⅰ. ①大… Ⅱ. ①王… ②周… ③吉… Ⅲ. ①电子计算机－高等学校－习题集 Ⅳ. ①TP3-44

中国版本图书馆 CIP 数据核字（2019）第 021327 号

大学计算机实践指导

王观玉　周力军　吉双鼎　主编

责任编辑　黄淑文
封面设计　原谋书装

出版发行　西南交通大学出版社
（四川省成都市二环路北一段 111 号
西南交通大学创新大厦 21 楼）
邮政编码　610031
发行部电话　028-87600564　028-87600533
官网　http://www.xnjdcbs.com
印刷　四川煤田地质制图印刷厂

成品尺寸　185 mm × 260 mm
印张　13
字数　288 千
版次　2019 年 1 月第 1 版
印次　2021 年 7 月第 4 次
定价　36.00 元
书号　ISBN 978-7-5643-6749-7

课件咨询电话：028-81435775
图书如有印装质量问题　本社负责退换

前言

perfact

"大学计算机"是高等院校非计算机专业的重要基础课。目前，国内虽然有许多相关的教材，但由于大学一年级新生的计算机水平参差不齐，不同层次的高校计算机普及程度有较大差异。我们根据教育部高等学校计算机基础课程教学指导委员会提出的《关于进一步加强高校计算机基础教学的意见》中有关"大学计算机基础"课程教学的要求，同时根据地方高校的实际情况编写本教材。编写目的是为了满足当前普通高校对计算机教学的改革要求，在强调学生系统掌握基本理论知识和计算思维能力培养的同时，注重学生实践应用能力的培养。

《大学计算机实践指导》是《大学计算机》的配套实践教材，强调实践操作的内容、方法、步骤。全书共分两个部分：第一部分是实验操作，第二部分是练习操作。实验操作部分注重操作技能及学科基础知识实验，主要包括常用操作系统的基本操作、常用办公系统软件基本操作、程序设计基础实践、数据库基础实践、网络基础实践、信息安全基础实践等内容；练习题部分，主要是对计算机基础知识提供配套练习模拟题，激发学生对计算机学科的学习兴趣。同时也围绕计算机等级考试一级和二级考试内容范围组织测试模拟练习题，帮助学生达到全国计算机等级考试一级以上水平。本书的实践与练习，内容全面，操作实用，适合民族地区地方高校应用型人才的培养目标，符合教育部高等院校教材建设要求。

木书可作为高校各专业"大学计算机"课程的实践教材，也可作为计算机技术培训用书和计算机爱好者自学用书。本书实验内谷丰富，各高校可根据教学学时和学生实际情况对教学内容进行适当选取。该书可结合配套《大学计算机》教材使用，也可作为实践教材独立使用。

本书由黔南民族师范学院的王观玉、周力军、吉双鼎老师主编。王观玉负责本书的统稿和编写组织工作，周力军老师进行了审校，其中实验 1 和实验 16 由周力军编写，实验 2、3、4、5、8、9 由吉双鼎编写，实验 6、7、11 由杨霞编写，实验 10 由于骐鸣编写，实验 12、13 由钟志宏编写，实验 14、15 由王观玉编写，基础练习模拟题由杨福建组织编写，等级考试模拟题由周力军组织编写。王观玉老师撰写了前言。本书在编写过程中，参考了大量的相关文献资料，在此一并致谢。

由于编者水平有限，书中难免存在不足与疏漏之处，还望广大读者提出宝贵意见，以便我们修订时改进。

编　者

2018 年 11 月

目 录
contents

第一篇 实验部分

第二篇 练习部分

第一篇　实验部分

实验 1　Windows 7 基本操作

1.1　实验目的

（1）熟悉计算机的基本操作；
（2）熟悉 Windows 7 的基本操作；
（3）掌握 Windows 7 文件和文件夹的管理；
（4）了解 Windows 7 控制面板的使用。

1.2　实验要求

（1）掌握键盘的指法与标准操作；
（2）掌握 Windows 7 的基本环境及主要功能；
（3）掌握文件和文件夹的基本知识；
（4）掌握控制面板的功能及使用。

1.3　实验内容

（1）键盘操作与指法练习（选做实验）；
（2）Windows 7 的基本操作；
（3）Windows 7 文件和文件夹的管理；
（4）Windows 7 控制面板的使用。

1.4　实验步骤

1.4.1　键盘操作与指法练习（选做实验）

键盘是操作人员使用非常频繁的输入设备。目前键盘主要分为 101、102、104 键三种。键盘分为功能键区、打字键区、编辑键区和小键盘区（又称为副键区）四部分。功能键区包括 F1-F12；打字键区包括数字、英文字母、Esc、标点符号、空格、回车（Enter）、换档键（Shift）、退格（Backspace）等；编辑键区包括一些特殊的控制键和功能键，如 Insert、Delete、Home、End、Page Up、Page Down、Print Screen、Scroll Lock、Pause Break

光标方向控制键等，不同的键盘还会有关机、休眠和唤醒键；小键盘区主要包括数字键以及简单的加减乘除符号等。如图 1-1 所示为键盘组成及功能分布图。

键盘主要用于文字的输入。打字键区主要用于文字、数字及标点符号的输入；功能键区有不同的功能，通常在不同的应用软件中配合其他键使用；编辑键区可以让操作人员在编辑时比较方便地进行屏幕的打印、滚动或锁定等操作；小键盘区通常在输入数据或进行数据计算时比较方便。

图 1-1 键盘组成及功能分布图

1. 指法规则

键盘上字母的排列方式是保证录入速度的最佳方式。为了保证正确的输入以及最终实现盲打输入，在最初学习指法时就要养成良好的输入习惯。

在键盘的 F 和 J 键上都有一个凸起部分，在进行盲打时就是通过这个凸起部分来确定手指所在的范围，称之为基准键位。如图 1-2 所示为基准键位指法示意图。

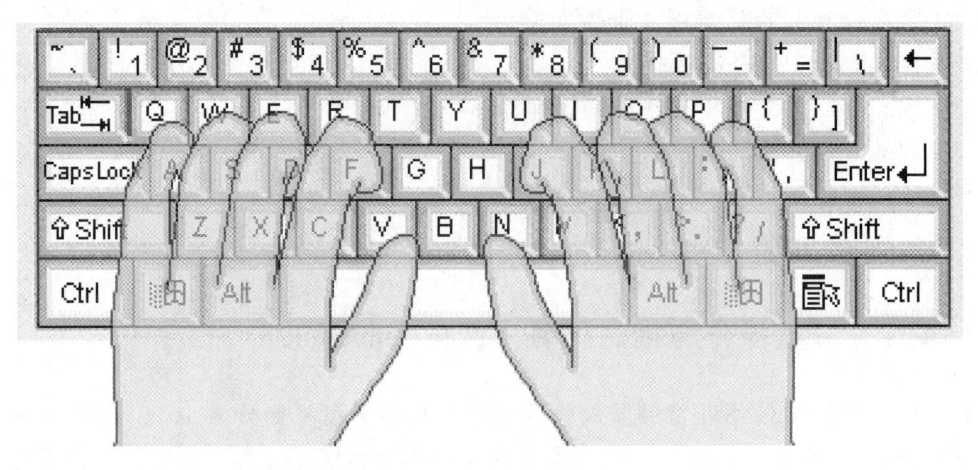

图 1-2 基准键位指法

打字键区以 5TGB 和 6YHN 作为左右手的分界线，在静止状态下，左、右手的食指通常是放在 F 键和 J 键上的。现将左右手的手指分管域说明如下，键盘指法详细分布如

图 1-3 所示。

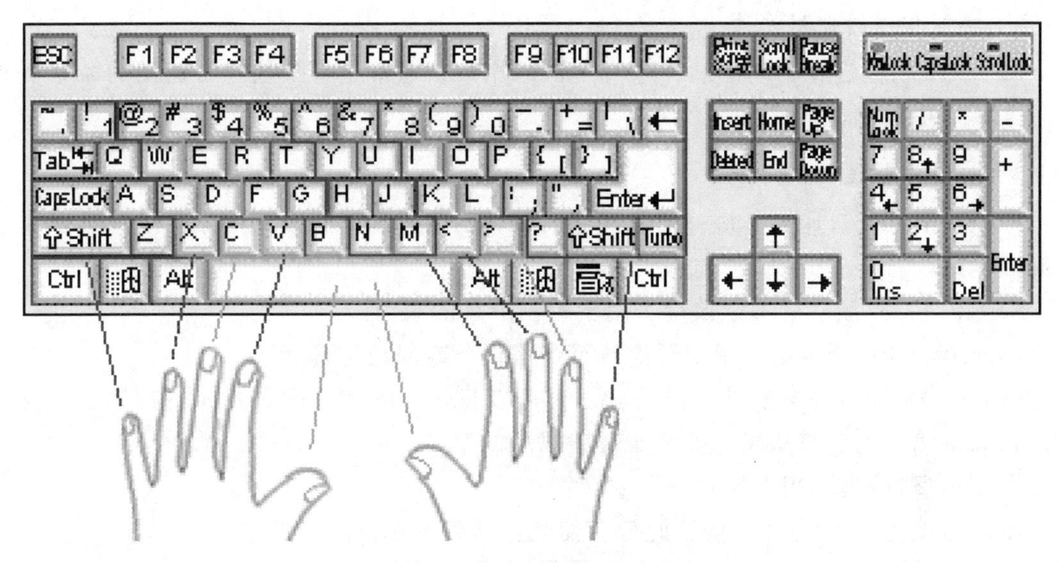

图 1-3　键盘指法分布图

1）左手规则

食指：5TGB、4RFV

中指：3EDC

无名指：2WSX

小指：1QAZ、Tab、Caps Lock、Shift

2）右手规则

食指：6YHN、7UJM

中指：8IK

无名指：9OL

小指：OP；/ - [　‘Shift

2. 按键功能及使用方法

1）特殊按键的使用方法

Num Lock：副键区数字锁定/编辑键。当指示灯亮时，表示可以输入数字。

Caps Lock：大写字母锁定键。当指示灯亮时，表示可以输入大写字母。

Backspace：退格键。用于删除光标以前的字符。

Ctrl、Alt、Shift 键：在键盘的左右各有一组，它们不可以单独使用，经常配合其他按键使用，属于辅助键。

Tab：制表键。用于移动定义的制表符长度。

Esc：退出键。用于取消某一操作或退出当前状态。

Enter：回车键。用于确定某一命令或换行。

2）功能按键的使用方法

F1 ~ F12 功能键在不同的软件中有不同的用法，通常是将某些经常使用的命令功能赋予某一个功能键。

3）编辑控制键的使用方法

Print Screen：打印屏幕键。通常用来将屏幕的内容暂时存放到剪贴板中，可以用来复制和粘贴。

Scroll Lock：滚动屏幕锁定键。用于控制屏幕的滚动。

Pause/Break：暂停键。用于暂停执行当前任务或停止屏幕滚动。

Insert：插入/改写转换键。插入状态时可以将输入的字符插入光标所在处；改写状态时可以将输入的字符从光标处开始覆盖以后的字符。

Delete：删除键。用于删除选定的字符。

Home：在编辑状态时，按下此键会使光标回到所在行的行首。

End：在编辑状态时，按下此键会使光标回到所在行的行尾。

Page Up：向上翻页键。编辑状态时按下此键会使屏幕向上翻一页。

Page Down：向下翻页键。编辑状态时按下此键会使屏幕向下翻一页。

3. 主键盘和小键盘的用法

1）在写字板窗口配合相关按键输入大小写字母及字符

操作步骤如下：

（1）单击任务栏上的“开始”→“程序”→“附件”→“写字板”菜单命令，打开“写字板”应用程序。

（2）录入 26 个小写字母。

a b c d e f g h I j k l m n o p q r s t u v w x y z

（3）配合 Caps Lock 键录入 26 个大写字母。

A B C D E F G H I J K L M N O P Q R S T U V W X Y Z

（4）录入字符 ` 1 2 3 4 5 6 7 8 9 0 - = [] \ ; ' , . /

（5）配合 Shift 键录入字符 ~ ! @ # $ % ^ & * () _ + {} | : " <> ?

2）中、英文打字练习

要求：在写字板窗口输入中、英文字符。

操作步骤如下：

（1）单击任务栏上的“开始”→“程序”→“附件”→“写字板”菜单命令，打开“写字板”应用程序。

（2）英文输入练习。

CAUTION ！

Static electricity can severely damage electronic parts. Take these precautions:

1) Before touching any electronic parts, drain the static electricity from your body. You can do this by touching the internal metal frame of your computer while it's unplugged.

2) Don't remove a card from the anti-static container it shipped in until you're ready to Install it. When you remove a card from your computer, place it back in its container.

3) Don't let your clothes touch any electronic parts.

4) When handling a card, hold it by its edges, and avoid touching its circuitry.

（3）中英文输入练习。

Internet/Intranet网络框架上的关键应用系统

（1）进入核心业务操作的Intranet：

虽然在网络上开展储运业务不如网络银行那么吸引人，然而它却为跨地区企业的业务系统提供了一种同样的模式，既处于总部办公大楼以外的分支机构、客户、供应商在整个业务流程中占据不同的角色，只有基于Intranet框架上的业务系统才有可能把这些角色迅速纳入企业信息系统中，从而提高效率，进行所谓的业务流程和供应链重整。

（2）进入关键管理环节的Intranet：从内部邮件传递到基于消息系统的管理流程控制在Intranet框架上，定向的消息传递可以实现企业对关键管理环节的全过程控制，特别是消息传递，它不是部门对部门，而是个人对个人，把每一个重要的工作环节责任落实到具体的个人，把重要的指标控制落实到经营过程而不是结果，这种意义上的协同工作将在减少企业管理层次的同时增强企业对关键环节的控制能力。

（3）进入知识管理的Intranet：从统计报表到Web上的OLAP

通过基于Intranet的网络框架，企业可以充分利用业务系统中未经“人为加工”的原始数据资源，形成数据仓库，并在此基础上通过数据挖掘、分析统计、预测为各个层次的决策人提供决策支持，把实际上一直存在的大量业务数据资源转化为真正的“知识”。

4. 输入法简介

经常使用的输入法主要分为中文、英文输入法，而中文输入法又分为音型输入法和字型输入法两大类。

音型输入法主要采用汉语拼音的拼写方式，通俗易懂，目前正广泛使用。虽然音型输入法易学易会，但打字速度由于其选字的频率较高而受到一定的限制。

职业文字录入员通常采用字型输入法，五笔输入法就属于字型输入法。五笔输入法是由于把汉字拆分成横、竖、撇、捺、折五种笔画而得名。它采用字根组合的方式拆分汉字，选字的频率相对音型输入法要低得多，但复杂的字根记忆和不规则汉字的拆分原则也使掌握该方法存在着一定的难度。

1）目前最常用的中文输入法

（1）微软拼音输入法。它是 Windows 操作系统自带的输入法之一，该软件由微软公司和哈尔滨工业大学联合开发。该输入法自动识别词组及句子的能力较强，相对于其他拼音输入法来讲，选字的频率比较低，适合写文章用。

（2）全拼输入法。它是 Windows 操作系统自带的输入法之一，它的使用方法和微软拼音输入法基本相同。全拼输入法不可以进行长句子的输入，它每次输入的拼音字母数量有一定限制。

（3）智能 ABC 输入法。它也是 Windows 操作系统自带的拼音输入法之一，它兼容了拼音的完全输入和词组首字母的输入。在选取汉字时，可以通过键盘上的“+”“-”号或汉字列表中的三角按钮选择。

（4）五笔字型输入法。五笔输入法是典型的字型输入法，该输入法根据汉字的基本笔画拆字，重码率非常低，并且每个字最多只需要 4 个字母即可打出，还可以连打词组，因此很多从事文字录入的人员都选择五笔输入法。

2）输入法切换

（1）鼠标操作：鼠标单击任务栏右边通知区的输入法按钮，打开输入法语言栏列表，如图 1-4 所示。用鼠标在输入法语言栏列表框中选择需要的输入法，打开输入法状态栏，如图 1-5 所示。

（2）键盘操作：

① 中英文输入法切换：Ctrl+空格键；

② 中文输入法切换：Ctrl+Shift。

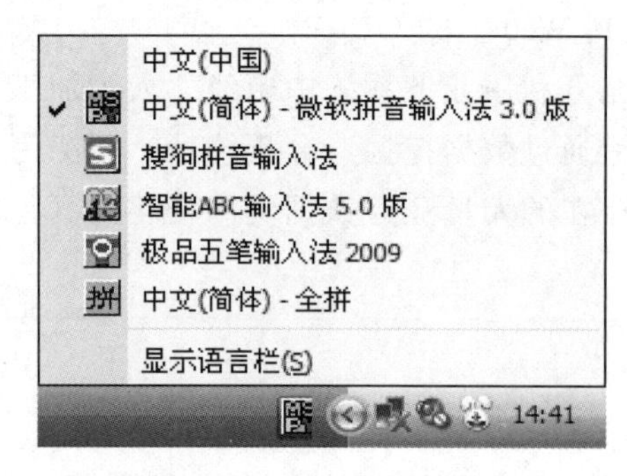

图 1-4 “输入法”状态栏

图 1-5 “输入法”语言栏列表框

5. 软键盘的使用方法

操作步骤如下：

（1）选择任一种中文输入法，如图 1-4 所示。

（2）鼠标右击图 1-6 所示的中文输入法状态框中的软键盘按钮，打开软键盘快捷菜单，如图 1-7 所示。

（3）用鼠标单击软键盘快捷菜单中任一软键盘，打开软键盘。如图 1-8 所示为 PC 软键盘。

（4）如果还需要选择其他软键盘，重复第（2）（3）步操作即可。

（5）要关闭软键盘，用鼠标单击软键盘按钮即可。

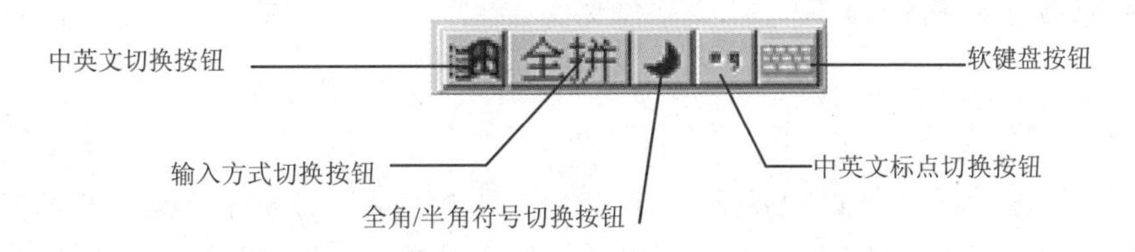

图 1-6 中文输入法（全拼）状态框

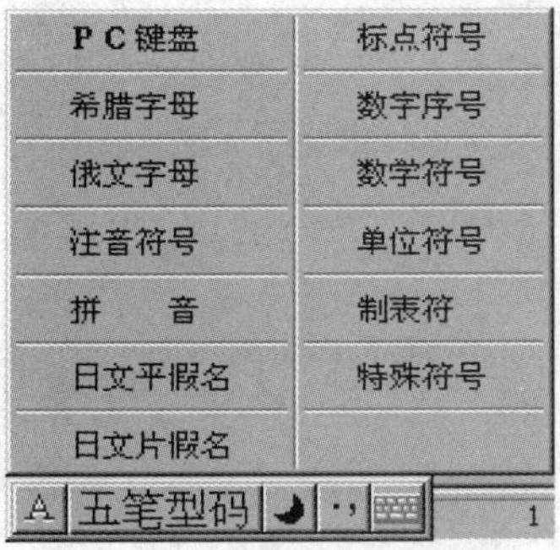

图 1-7 软键盘快捷菜单

图 1-8 PC 软键盘

1.4.2 Windows 7 的基本操作

1. 鼠标的常用操作

鼠标是图形界面下最简单、最方便的输入设备，用户应熟悉鼠标的五种常用操作。在鼠标操作过程中，鼠标指针的形状会发生变化，代表着不同的操作含义。

鼠标操作通常有下列几种：

① 移动/指向。移动鼠标器，屏幕上的鼠标指针会跟着移动，移动到对象上称为指向对象。

② 左键单击。将鼠标指针指向对象，按压鼠标左键，再快速松开，简称单击。单击鼠标一般用于选定对象。

③ 左键双击。将鼠标指针指向对象，连续快速按压鼠标左键两次，简称双击。双击一般是对对象进行一个设定的默认操作，如打开窗口、运行程序等。

④ 拖动。按住鼠标左键或右键不放，移动鼠标器，鼠标指针将带着被选定的对象一起移动到新位置。用左键拖动，松开按键时，选定的对象移动到新位置；用右键拖动，

松开按键时，将弹出选择菜单，由用户选择是移动还是复制等。

⑤ 右键单击。在对象上快速单击鼠标器的右键，会弹出该对象的快捷菜单，可用来对该对象进行快速操作，一般简称右击。

说明：在 Windows 操作系统中，Windows 本身及 Windows 中运行的应用程序的鼠标操作基本相同。

提示：通过“控制面板”中“鼠标”项，可以改变鼠标的左右手使用习惯、双击速度，查看和修改鼠标指针的不同形状及含义。

2. 常用桌面图标

按照“打开显示器等外设电源→打开主机电源→登录”的顺序启动计算机。Windows 完成最后的启动后，启用用户的个性化设置，进入 Windows 7 的桌面，如图 1-9 所示。

图 1-9 Windows 7 的桌面

1）计算机

用鼠标双击桌面上“计算机”图标，出现“计算机”窗口。观察该窗口所呈现的计算机资源，主要是驱动器图标、控制面板和打印机等，可以在“计算机”中对这些资源进行操作。

2）回收站

“回收站”是硬盘中的一个区域，在桌面上以一个系统文件夹的形式出现。双击“回收站”图标可以打开回收站窗口，从窗口中可以看到被删除的文件和文件夹。

说明：相应的操作用户在学习文件和文件夹的操作后可进行验证。

3）任务栏

“任务栏”位于屏幕的最下方，其中包括：

① “开始”按钮。单击“开始”按钮，将显示一个“开始”菜单，可以用来实现启动应用程序、打开文档、完成系统设置、联机帮助、查找文件和关闭计算机等功能。

② 常用应用程序图标区。在任务栏的左端，放置了一些常用的应用程序图标，用户可以直接单击这些图标运行应用程序。

③ 中间空白区。用于显示正在运行的应用程序和对应于打开的窗口的按钮。

④ 提示栏。在任务栏的右端是“语言栏”和“通知”区域，语言栏可用于查看和选择中文输入法，通知区域则用来存放某些事件发生时系统为提示用户所显示的通知图标。

3. Windows 7 的窗口、菜单和对话框的操作

1）窗口操作

Windows 7 常见窗口形式如图 1-10 所示。

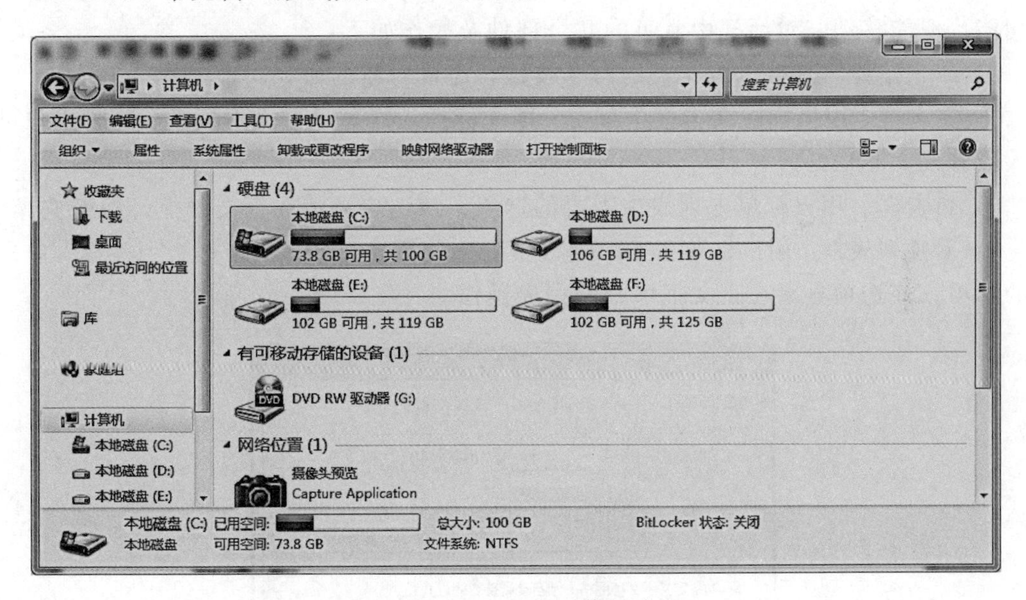

图 1-10　Windows 7 常见窗口

① 最大化/还原、最小化和关闭按钮。单击最小化按钮，窗口缩小为任务栏按钮，单击任务栏上的按钮可恢复窗口显示；单击最大化按钮，窗口最大化，同时该按钮变为还原按钮；单击还原按钮，窗口恢复成最大化前的大小，同时该按钮变为最大化按钮；单击关闭按钮将关闭窗口。

② 菜单栏。菜单栏提供了一系列的命令，用户通过使用这些命令可以完成窗口的各种操作。

③ 窗口边框。用户可以用鼠标拖动窗口边框来任意改变窗口的大小。

2）菜单操作

① 使用鼠标操作菜单。单击菜单栏中的相关菜单，显示该菜单的下拉菜单，选择要使用的菜单命令即完成操作。

② 使用键盘操作菜单。有 3 种方法：

- 按“Alt”键或“F10”键选定菜单栏，使用左右方向键选定需要的菜单，按“Enter”键或向下方向键打开下拉菜单，使用上、下方向键选定需要的菜单命令，按“Enter”键执行菜单命令。
- 使用菜单中带下划线的字母。按“Alt”键或“F10”键选定菜单栏，按需要的菜单中带下划线的字母键，打开下拉菜单；按需要的菜单命令中带下划线的字母键，选择执行该菜单命令。
- 使用菜单命令的快捷键。不需要选定菜单，直接按下对应菜单命令的快捷键即可。

3. 对话框操作

常见对话框形式如图 1-11 所示。对话框不能改变大小，无最小化和最大化/向下还原功能，但能移动。对话框中常见的几个部件及操作如下：

① 命令按钮。直接单击相关的命令按钮，完成对应的命令。

② 文本框。用鼠标在文本框中单击，则光标插入点显示在文本框中，此时用户可以输入或修改文本框的内容。

③ 列表框。用鼠标单击列表中需要的选项，该选项显示在正文框中，即完成操作。

④ 下拉列表框。用鼠标单击下拉列表框右边的下拉按钮，出现一个列表框，单击需要的选项，该选项显示在正文框中，即完成操作。

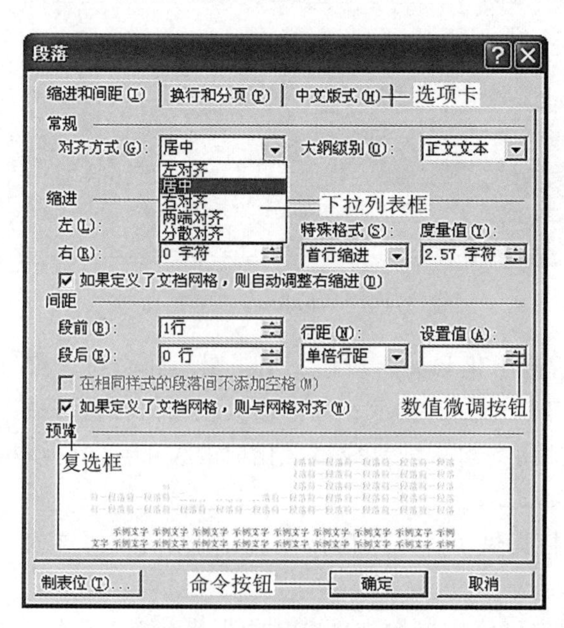

图 1-11 “段落”对话框

⑤ 复选框。复选框为可多选的一组选项。单击要选定的选项，则该选项前面的小方框中出现“√”，表示选定了该选项；再单击该选项，则前面的“√”消失，表示取消该选项。

⑥ 单选按钮。只能单选的一组选项。只要单击要选择的选项即可，被选中的选项前面的小圆框中出现“·”。

⑦ 数值微调按钮。用于设置数值。单击正三角按钮增加数值，单击倒三角按钮减少数值。

⑧ 选项卡。通过选择选项卡，可以在对话框的几组功能中选择一组。

4. 开始菜单的常用操作

1）开始菜单

① 单击任务栏上的“开始”按钮，或按组合键“Ctrl+Esc”，Windows 就会弹出 “开始”菜单。如键盘上有⊞标志的键，则按此键也可以打开“开始”菜单。

② 移动鼠标指向“开始”菜单的各处，观察有关提示。

③ 鼠标指向“所有程序”，查看本机中已安装的程序。

④ 单击“开始”菜单之外的任意处，或者按“Esc”键或“Alt”键或⊞键，关闭“开始”菜单。

2）注销和关机

（1）切换用户与注销用户。

如果有多个用户共用一台计算机，当需要由一个用户切换到另一个用户使用时，单击“开始”菜单右下方的“关机”选择按钮，从关机选项菜单中选择“切换用户”或“注销”，系统都将进入登录界面。

“切换用户”指在不关闭当前用户的情况下临时切换到其他用户账户，再次切换回来时仍保留原来的使用状态。能否“切换用户”与“用户账户”中的设置有关。

“注销”操作将注销当前用户，系统在保存了该用户的相关数据后关闭该用户。

（2）重启或关闭计算机。

“重新启动”将关闭正在运行的所有程序，注销已登录的用户，重新经过硬件检测、系统加载，再启动 Windows 操作系统。在更改了计算机的一些设置、安装了某些程序之后，或者系统出现问题时，常需要重新启动系统。

关闭计算机的操作步骤如下：

① 正常退出所有正在运行的程序。

② 打开“开始”菜单，单击“关机”命令，系统开始进行关机处理。关机处理结束后将自动关闭计算机的主机电源。

③ 关闭显示器等外设电源。

注意：在关闭或重新启动计算机时，一定要遵照上述步骤正常关机。因 Windows 工作时会有大量的临时数据，正常退出时，Windows 会做好退出前的准备，保存好有关数据。采用直接关闭电源等非正常方式退出系统，会导致数据丢失，严重的可能会破坏Windows 7系统文件而影响计算机的使用。

1.4.3 Windows 7文件管理

1. 创建文件或文件夹

1）创建文件夹

在F盘中建立名为“练习”的文件夹。

操作步骤如下：

（1）打开“计算机”，选择本地磁盘（F:）并双击打开。

（2）在“文件”菜单中选择“新建”→“文件夹”命令或在窗口空白处单击鼠标右键，在弹出的快捷菜单中选择“新建”→“文件夹”命令。

（3）在窗口中增加了一个名字为“新建文件夹”的新文件夹。

（4）选择相应的输入法，输入文件夹的名称“练习”并回车或鼠标单击其他位置。

2）创建文件

操作步骤与创建文件夹类似，在F盘中建立文件“练习文件.txt”。

操作步骤如下：

（1）打开本地磁盘（F:）。

（2）在“文件”菜单中选择“新建”→“文本文档”命令或在窗口空白处单击鼠标右键，在弹出的快捷菜单中选择“新建”→“文本文档”命令。

（3）在窗口中增加了一个名字为“新建”→“文本文档”的新文件。

（4）选择相应的输入法，输入文件的名称“练习文件”并回车或鼠标单击其他位置。

2. 选择文件或文件夹

选择文件或文件夹是计算机操作中的常用操作，用户应熟练掌握。

1）单个文件或文件夹的选择

将鼠标移到要选定的文件或文件夹上，单击鼠标左键，就可以选择它。

2）多个文件或文件夹的选择

① 选择连续的文件或文件夹：可在选择第一个文件或文件夹之后，按住“Shift”键不放，用鼠标左键单击最后一个文件或文件夹。

② 选择非连续的多个文件或文件夹：可在选择第一个文件或文件夹后，按住“Ctrl”键不放，再用鼠标左键单击选择其他文件或文件夹。

③ 选择窗口中的所有文件或文件夹：按快捷键“Ctrl + A”。

④ 有时在整个窗口中，除了少数几个文件或文件夹不选外，其余的都要选，就可以先选择不需要选的文件或文件夹，然后通过执行“编辑|反向选择”菜单命令来选择所需

要的文件或文件夹。

⑤ 另外一种选择文件或文件夹的方法是用鼠标直接拉出框来选择文件或文件夹。

3）放弃已选择的文件或文件夹的选择

① 在已选对象之外的窗口空白处单击鼠标即可。

② 对于非连续文件或文件夹的放弃，可按住“Ctrl”键，用鼠标左键单击要放弃的文件或文件夹。

3. 复制或移动文件或文件夹

1）用剪贴板将本地磁盘（F:）中的“练习文件.txt”文件移动到“练习”文件夹中

说明：剪贴板是位于内存中的临时存储区域，其中通常只存放最近一次剪切或复制的内容，在剪切或复制新的内容时，原有的内容将被取代。某些应用程序中为了方便使用，其剪贴板中可以放多次剪切或复制的内容。

操作步骤如下：

① 打开本地磁盘（F:）窗口，选定文件 | 练习文件.txt。

② 从窗口“编辑”菜单中选择“剪切”命令，此时“练习文件.txt”图标变虚。

③ 双击打开“练习”文件夹。

④ 从窗口“编辑”菜单中选择“粘贴”命令，可看到“练习文件.txt”出现在“练习”文件夹中。

需要进行复制操作时，可在第②步中选择“复制”命令。

2）通过鼠标拖动进行复制或移动

在资源管理器窗口中，可同时看到源文件夹的内容（右窗格）和目标文件夹（左窗格），通过鼠标拖动的方式可以方便直观地复制和移动文件或文件夹。

鼠标拖动有两种，即用左键拖动和用右键拖动。

① 用鼠标左键拖动。选定对象，按住鼠标左键拖动到左窗格中的目标文件夹，此时目标文件夹的名字变成蓝色，松开鼠标即可完成拖动操作。

在拖动的同时，按住“Ctrl”键，鼠标指针变成形状，可实现复制；按住“Shift”键，鼠标指针为形状，可实现移动。

在同一驱动器的文件夹之间拖动对象时，Windows 默认是移动对象，当需要进行移动操作时可不按住“Shift”键。在不同驱动器之间拖动对象时，Windows 默认是复制对象，当需要进行复制操作时可不按住“Ctrl”键。

在同一个文件夹中复制对象，会在对象副本的名字前加“复件”字样，以保证同一文件夹中不会有同名的对象存在。如果目标文件夹中存在与要复制或移动过来的对象同名的对象，则在复制或移动时系统会提示用户是否“覆盖”目标文件夹中对象。

② 用鼠标右键拖动。选定对象，按住鼠标右键拖动到左窗格中的目标文件夹，当目标文件夹的名字变成蓝色时松开鼠标键，会弹出如图 1-12 所示的选择菜单，可选择“移

动”“复制”或“创建快捷方式”。

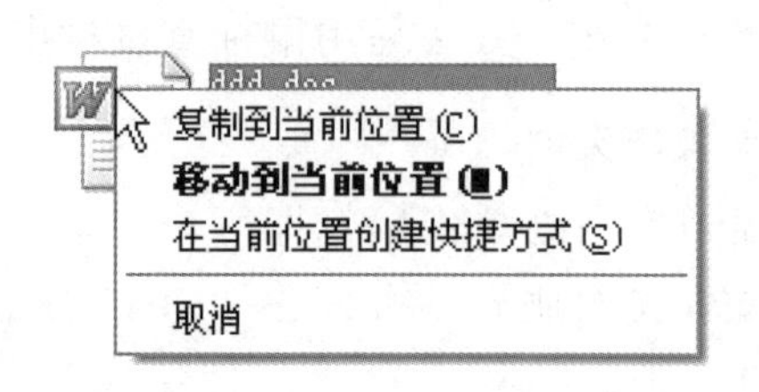

图 1-12 鼠标右键拖动时的选择菜单

提示：如果同时打开了两个文件夹窗口，也可以用鼠标在两个窗口工作区之间拖动文件和文件夹。

3）用“发送到”命令进行复制或移动

通过菜单栏的“文件”菜单或快捷菜单中的“发送到”命令，可以将选定的文件或文件夹发送到特定的文件夹中。选择“发送到”命令后，可从弹出的级联菜单中选择需要发送的目标位置。源位置与目标位置在同一个盘中时，发送完成的是移动操作；源位置与目标位置在不同盘中时，发送完成的是复制操作。

4. 删除文件或文件夹

删除文件或文件夹分为两种：一种是逻辑删除，需要时还可以从“回收站”恢复被删除的文件或文件夹；另一种是物理删除，空出磁盘空间，无法再恢复已删除的文件或文件夹。

1）逻辑删除文件或文件夹

① 选择要删除的文件或文件夹，在选择的文件或文件夹上单击鼠标右键，并在弹出的快捷菜单中选择“删除”命令，在出现的“确认文件删除”对话框中单击“是”按钮。

② 把需要删除的文件或文件夹直接拖到“回收站”，然后释放鼠标。

2）物理删除文件或文件夹

物理删除文件或文件夹也有两种方法：

① 先进行逻辑删除，然后双击桌面“回收站”图标，打开“回收站”窗口。选择要进行物理删除的文件或文件夹，执行“文件”→“删除”命令，弹出“确认文件删除”对话框，单击“是”按钮即完成物理删除。

也可以不加选择地在“回收站”窗口中执行“文件”→“清空回收站”菜单命令，物理删除“回收站”内的所有文件或文件夹。

② 选择需要删除的文件或文件夹，按住“Shift+Delete”键，在弹出的“确认文件删除”对话框中单击“是”按钮。

此操作应特别小心，因为是进行物理删除，这些文件和文件夹将不能被恢复。

注意：

■ 用户不应对系统文件和文件夹、本人不了解的文件和文件夹进行重命名、移动或删除等操作，否则会影响使用。

■ 如果删除的文件或文件夹在硬盘中，则删除时被送到“回收站”中暂存，需要时可以恢复这些对象。如果想直接删除硬盘上的文件或文件夹，不将其送到“回收站”中，可按住“Shift”键进行删除操作。

■ 软盘、U盘上的文件和文件夹将被直接删除，不会送到“回收站”中。

■ 在删除文件夹时，该文件夹中的所有文件和子文件夹都将被删除。另外，如果一次性删除的文件过多，容量过大，“回收站”中有可能装不下时，系统会出现提示“确认删除”对话框，提示用户所删除的文件太大，无法放入“回收站”，此时用鼠标左键单击“是”按钮，则会进行物理删除，将永久地删除这些文件和文件夹。

5. 恢复被逻辑删除的文件夹或文件

操作步骤如下：

① 在桌面上双击“回收站”图标，打开回收站。

② 在回收站窗口中选中要恢复的文件或文件夹。

③ 在快捷菜单中选择“还原”。

用鼠标将被删除的文件或文件夹直接拖到目标文件夹窗口中，也可以恢复该对象。

提示：如果在完成了对文件或文件夹的复制、移动、删除及重命名操作之后，又想恢复到操作前的状态，可以使用“编辑”菜单中的“撤销”命令或工具栏上的“撤销”按钮撤销刚才的操作。

6. 文件或文件夹重命名

在初次命名文件或文件夹时，会因为考虑不够周全而使文件名不够完美，这时需要更改文件名。现将本地磁盘（F:）中的“练习”文件夹改名为“张三的文件夹”。

操作步骤如下：

（1）打开本地磁盘（F:）窗口，鼠标指向“练习”文件夹并单击右键，在弹出的快捷菜单中选择“重命名”命令。

第（1）步也可以使用如下等效操作：

打开本地磁盘（F:）窗口，选择“练习”文件夹，选择“文件|重命名”命令。

（2）输入新名称“张三的文件夹”后，按“Enter”键或在输入名称之外的区域单击鼠标。

7. 文件或文件夹属性的改变

1）查看文件或文件夹的属性

操作步骤如下：

① 鼠标右键单击要查看属性的文件或文件夹，在弹出的快捷菜单中选择“属性”命令，打开该文件或文件夹的属性对话框。如图1-13所示为“张三的文件夹”的属性对话框。

② 在文件夹属性对话框中列出了一些基本的属性，如文件或文件夹的位置、大小、创建日期、修改日期等。

③ 可以设置文件的属性为“只读”“隐藏”或“存档”，还可以更改文件的“打开方式”。

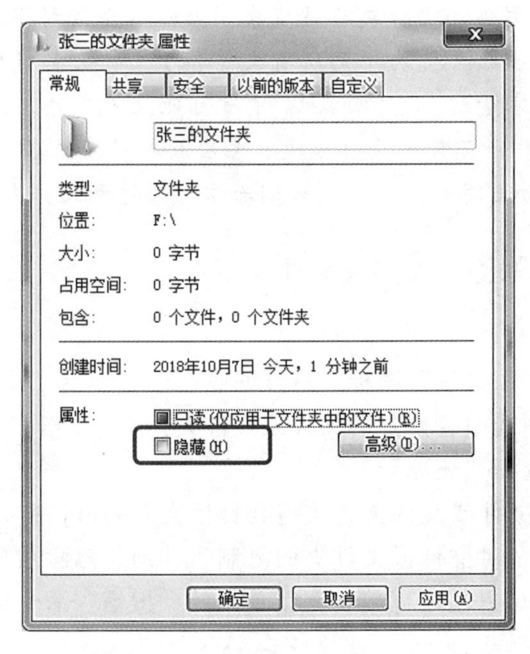

图 1-13 文件夹属性对话框

2）隐藏文件或文件夹

操作步骤如下：

① 在文件或文件夹属性对话框的“属性”栏中勾选“隐藏”复选框，如图 1-13 所示。

② 单击“应用”按钮，出现“确认属性更改”对话框，如图 1-14 所示。选中“将更改应用于该文件夹、子文件夹和文件”单选按钮，然后依次单击“确定”按钮。此时该文件夹就隐藏起来不可见了。

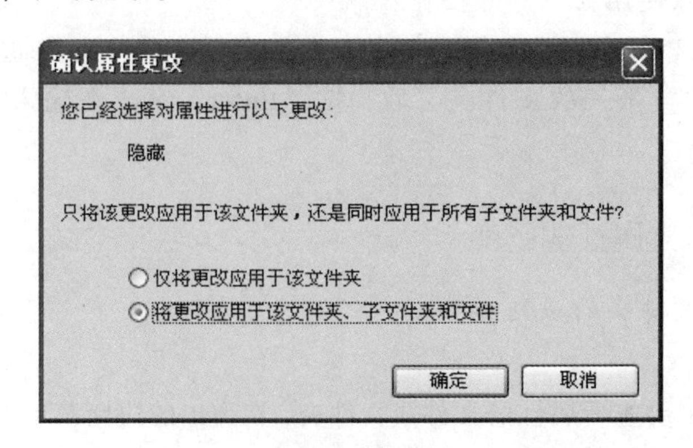

图 1-14 “确认属性更改”对话框

3）恢复隐藏的文件或文件夹

操作步骤如下：

① 双击“计算机”图标，打开“计算机”窗口，执行“工具”→“文件夹选项”菜单命令，打开“文件夹选项”对话框。

② 选择“查看”选项卡，并在“高级设置”列表框中选中“显示所有文件和文件夹”单选按钮，如图 1-15 所示，然后单击“应用”按钮和“确定”按钮退出对话框，即可看到被隐藏的文件和文件夹。此时这些文件和文件夹会淡化显示出来。

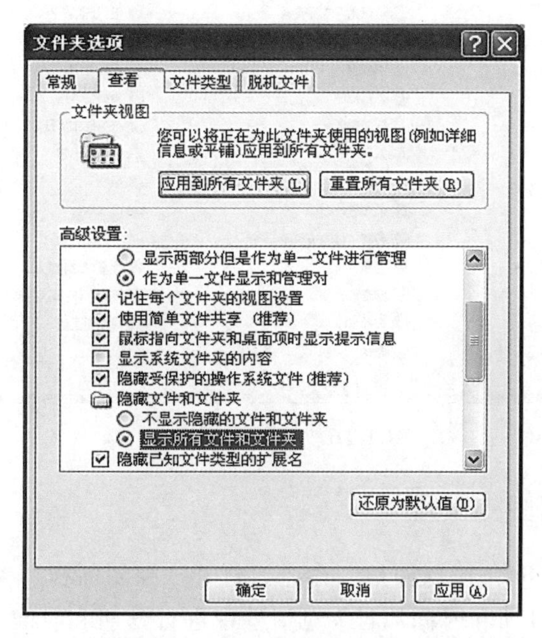

图 1-15 “文件夹选项”对话框

③ 使用更改文件或文件夹属性的方法，把淡化显示的文件或文件夹的“隐藏”属性去掉，即可恢复被隐藏的文件或文件夹。

④ 在“计算机”窗口中执行“工具|文件夹选项”菜单命令，在“文件夹选项”对话框的“查看”选项卡中，选中“高级设置”列表框中的“不显示隐藏的文件和文件夹”单选按钮，然后单击“应用”按钮和“确定”按钮退出对话框，就可以将已显示的隐藏文件和文件夹隐藏起来。

要求：改变所建目录 D 的属性为隐藏，观察隐藏和恢复的状态。

1.4.4 Windows 7 控制面板的使用

在“开始”菜单中选择“控制面板”命令，或在“计算机”窗口的任务窗格中直接单击“控制面板”，可打开控制面板窗口，在查看方式中选择“大图标或小图标”，如图 1-16 所示。控制面板窗口中有许多图标，分别代表不同设置项目，用户可以根据自身的需要进行相应的设置。

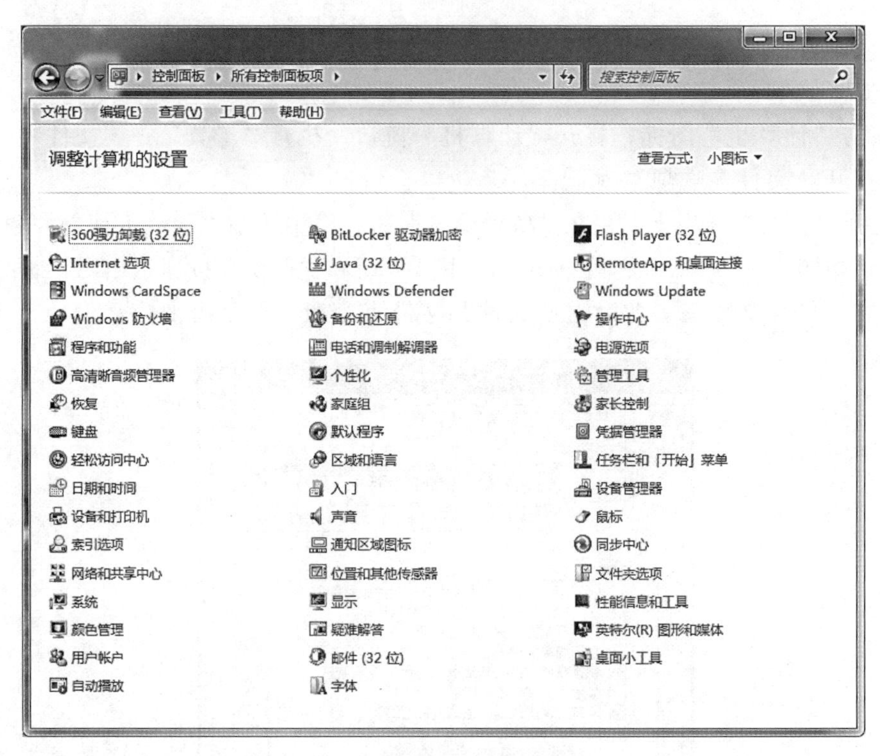

图 1-16 控制面板窗口

1. 系统日期、时间的设置

操作步骤：单击“开始|控制面板”命令，打开“控制面板”窗口，双击“日期和时间”图标，在打开的“日期和时间属性”对话框中进行日期和时间设置，如图 1-17 所示。

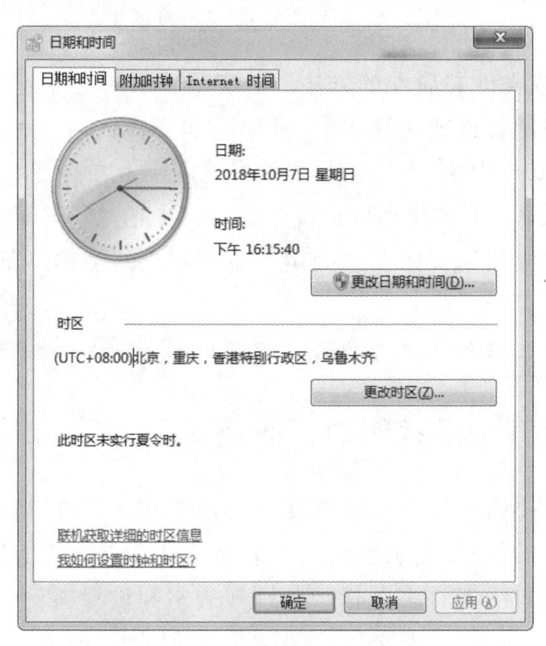

图 1-17 日期和时间属性窗口

2. 显示或取消状态栏中的输入法图标

（1）单击“开始”→“控制面板”命令，打开“控制面板”窗口，双击“区域和语言”图标，打开“区域和语言”对话框，选择“键盘和语言”选项卡，如图1-18所示。

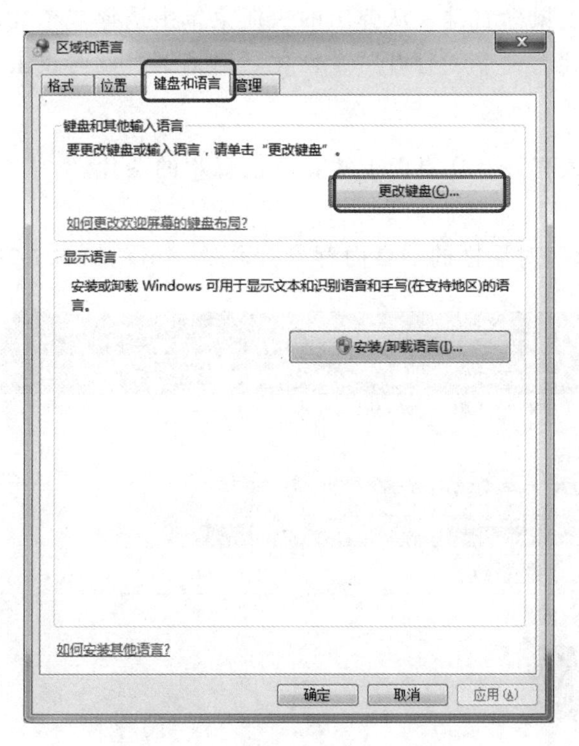

图1-18 “区域和语言”对话框

（2）单击“更改键盘”按钮，出现如图1-19所示的“文本服务与输入语言”对话框。

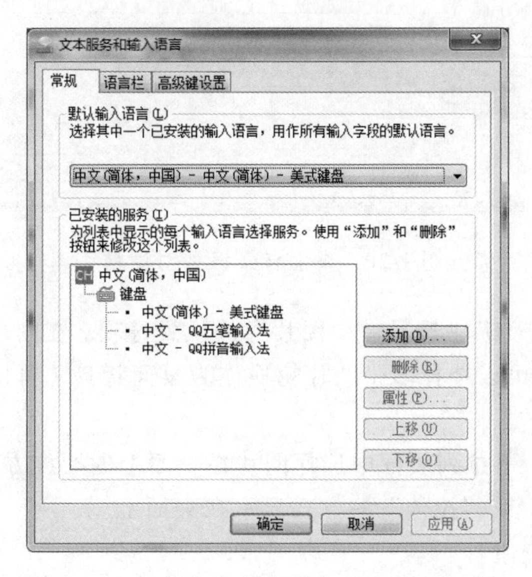

图1-19 “文本服务与输入语言”对话框

（3）在“语言栏”选项卡语言栏中，可完成在任务栏上显示或取消输入法图标。

3. “个性化”的设置

在桌面空白处单击鼠标右键，从弹出的快捷菜单中选择“个性化”命令或在“控制面板”中双击“个性化”命令，打开“个性化”对话框。此时，主要有以下几种设置。

1）设置桌面背景

用户可以根据个人喜好，在桌面上放置自己喜欢的图片。

操作步骤如下：

① 执行“个性化”对话框的“桌面背景”命令，出现如图 1-20 所示的对话框。

图 1-20 桌面背景设置对话框

② 从“图片位置”列表中选择一个图片存放位置选项，在图片选择中可以选择单张图片作为桌面背景，也可以选择多张图片轮换作为桌面背景（可以通过“更改图片时间间隔”实现轮换）。

③ 从“图片位置”下拉列表框中选择图片在桌面上的摆放方式，使图片以“填充”“适应”“居中”“平铺”或“拉伸”的方式显示在桌面上。

④ 单击“确定”按钮。

2）屏幕保护程序

操作步骤如下：

① 选择“个性化”对话框的“屏幕保护程序”命令，出现如图 1-21 所示的对话框。

图 1-21　屏幕保护程序设置

② 从“屏幕保护程序”下拉列表中选择一个屏幕保护程序，这时可以在上部显示器图案中预览该屏幕保护程序的效果。通过“设置”按钮，可以改变有关选项。

③ 从“等待”数值框中设置延迟时间为 1 min，单击“确定”按钮。停止操作计算机，等待屏幕保护程序的自动启动，观察效果。“等待”时间可以根据实际需要设置。

3）调整显示器的颜色和分辨率

① 在桌面空白处单击鼠标右键，从弹出的快捷菜单中执行“屏幕分辨率”命令或在“控制面板”中执行“显示”→“调整分辨率”命令，打开“屏幕分辨率”对话框，将出现如图 1-22 所示的对话框。

② “分辨率”的滑块可以改变屏幕的分辨率。屏幕分辨率取决于显示卡和显示器的性能。

③ 在设置一个新的分辨率后，Windows 7 将在 15 s 内等待用户的确认，确认之后新设置有效，否则将还原。

图 1-22 “屏幕分辨率”对话框

4. 字体的设置

Windows 7 有一个“字体”功能，使用该功能可以方便地预览、删除或者显示和隐藏计算机上安装的字体。在“控制面板”中双击“字体”图标，打开“字体”窗口，如图 1-23 所示。

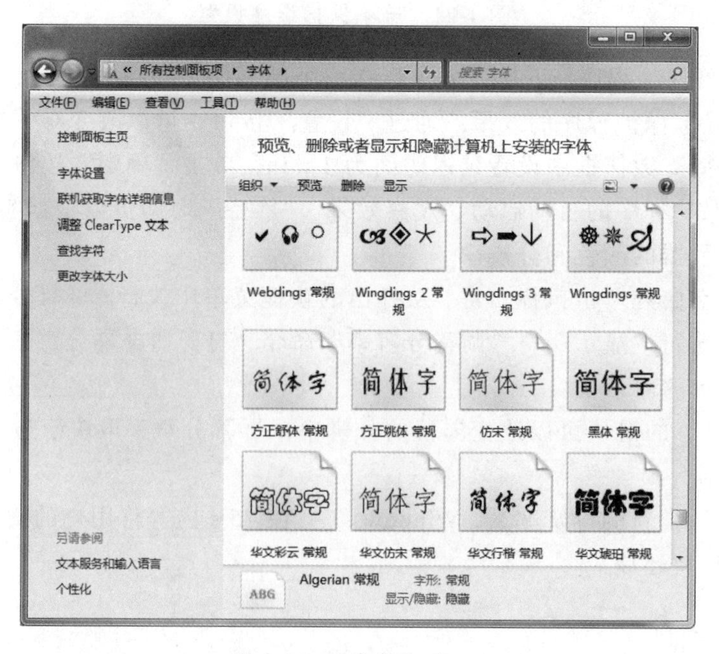

图 1-23 “字体”窗口

5. 卸载或更改程序的操作

Windows 7 有一个“程序和功能”工具，可以帮助用户管理计算机上的程序。

在控制面板窗口中双击“程序和功能”图标，打开“程序和功能”窗口，如图 1-24 所示。使用该工具，用户可以卸载或更改已安装的程序，也可以打开/关闭 Windows 的功能组件。

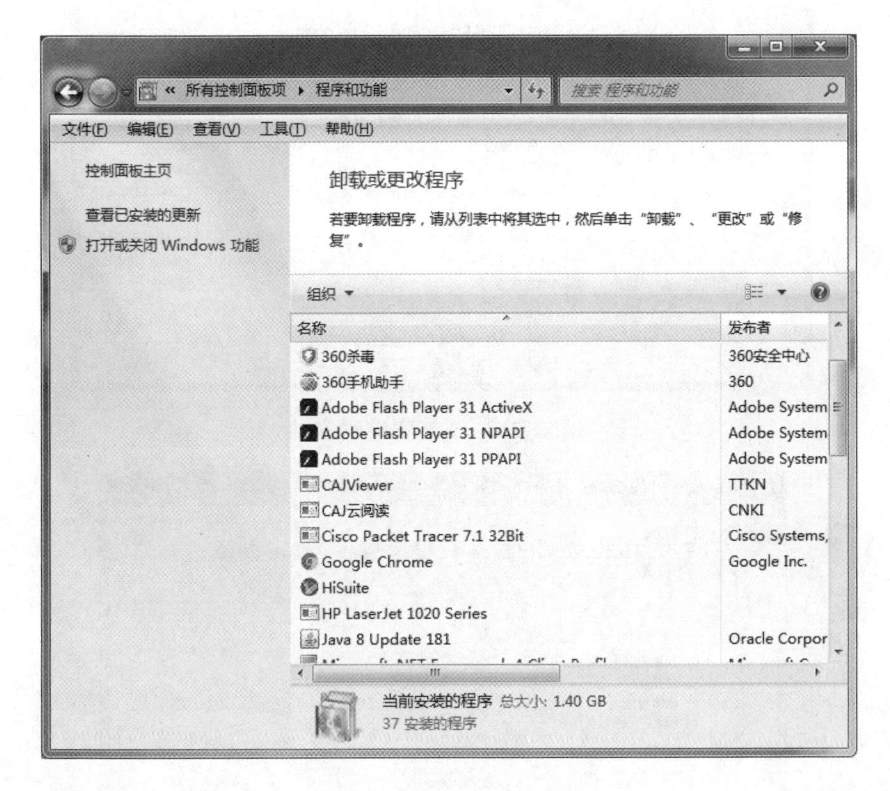

图 1-24 “程序和功能”窗口

1）更改安装内容

在程序列表中选择要更改的程序，单击“更改”按钮，在图 1-25 所示的“当前安装的程序”列表中选择“Microsoft Office Professional Edition 2010”项，单击“更改”按钮，将启动 Office 2010 的安装向导，在打开的“Microsoft Office 2010 安装”窗口中选择“添加或删除功能”后，按提示选择需要更新的项目，Office 2010 的安装程序将自动完成组件的调整。如图 1-26 所示，用户可按提示完成相应操作。

2）卸载应用程序

在图 1-27 所示的“当前安装的程序”列表中选中需要卸载程序如“千千静听”，然后点击“卸载”按钮，单击“是”按钮，按提示操作即可。

图 1-25　调整安装程序

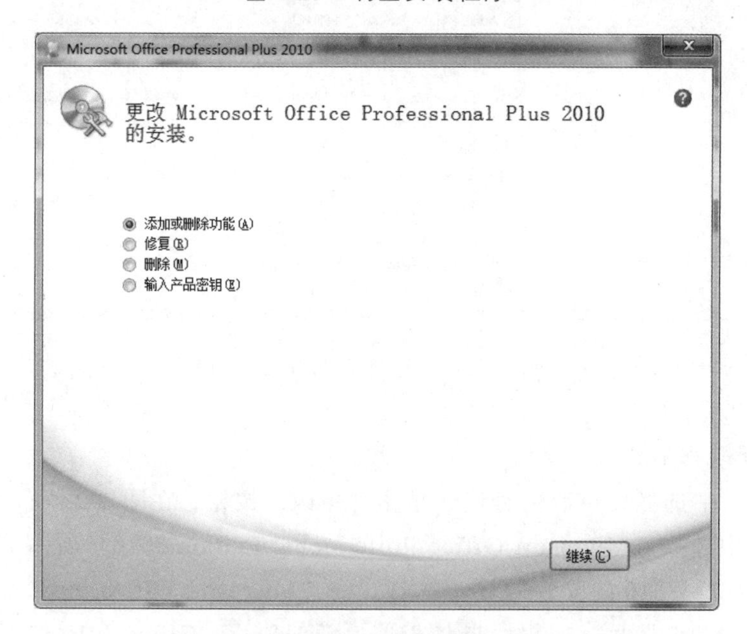

图 1-26　维护模式对话框

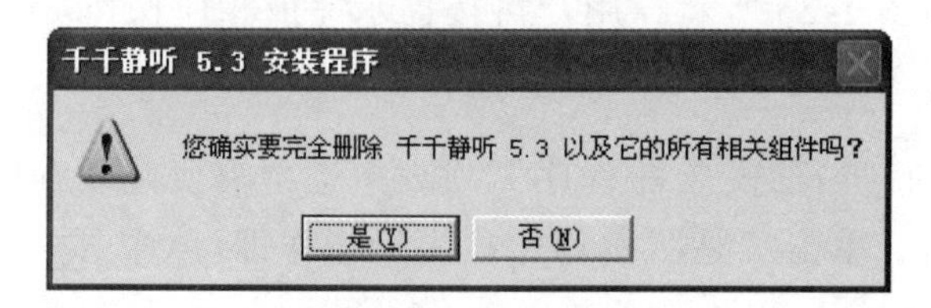

图 1-27　卸载应用程序

注意：对基于 Windows 的应用程序，不宜采用直接删除其所在的文件夹的方法。

6. 打开或关闭 Windows 功能

单击左边的“打开或关闭 Windows 功能”命令，打开“Windows 功能”对话框，如图 1-28 所示，查看和调整系统中 Windows 组件的安装内容。

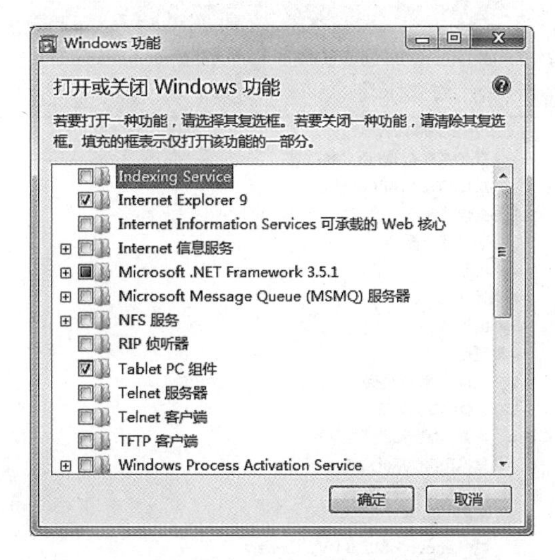

图 1-28 “Windows 功能”对话框

7. 系统属性的设置

在桌面选择“计算机”，单击鼠标右键，从弹出的快捷菜单中选择“属性”命令或在“控制面板”中双击“系统”图标，打开“系统属性”对话框，如图 1-29 所示。

图 1-29 “系统属性”对话框

（1）“系统属性”对话框显示了 Windows 版本、系统性能的主要技术指标、计算机名称、域和工作组设置。

（2）单击“设备管理器”按钮，可打开“设备管理器”对话框，如图 1-30 所示，对计算机的硬件设备进行设置。

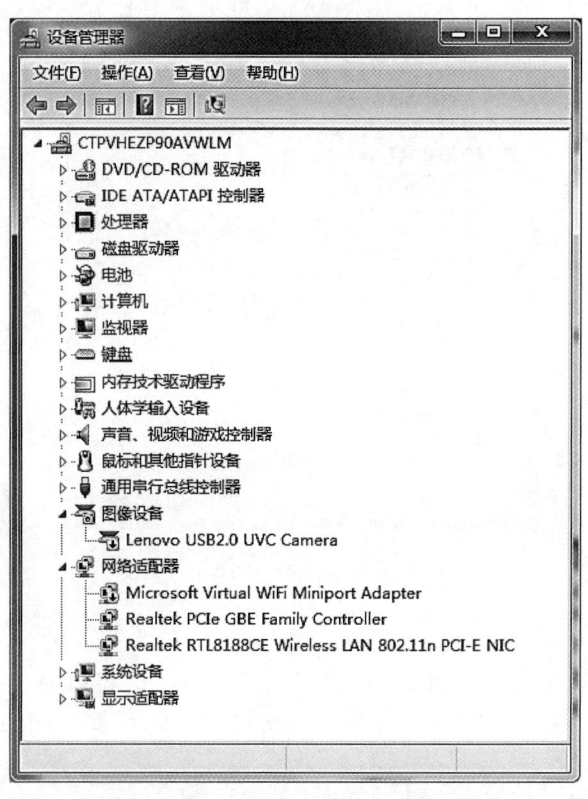

图 1-30 “设备管理器”对话框

（3）“系统保护”功能可对系统各驱动器的还原状态进行设置。

1.5 实验总结

本次实验介绍了计算机和 Windows 的常用操作，Windows 7 的桌面、任务栏、开始菜单、窗口、菜单和对话框的常用操作。

文件和文件夹的操作是 Windows 7 的基本操作，是本次实验知识的重点。熟练掌握文件和文件夹的创建、复制、移动、改名、删除和恢复、属性查看和修改等操作，对合理、有效地管理用户的文件资源具有非常重要的意义。读者应充分运用所学知识，养成良好的文件和文件夹组织、管理习惯。

Windows 7 中的“控制面板”可以对系统的软、硬件资源进行管理，用户应熟练掌握系统日期、时间、显示属性及字体的设置；卸载或更改程序的操作；Windows 添加、删除组件的操作等设置。用户在实验过程中不仅要按本书内容展开实验，更要对其他操作多实践、多摸索，调配好计算机的状态，充分发挥计算机的性能。

实验 2　Word 编辑排版

2.1　实验目的

（1）熟练掌握 Word 文档的字符排版；
（2）熟练掌握 Word 文档的段落排版；
（3）熟练掌握 Word 文档的页面排版。

2.2　实验要求

建立一个空白文档，输入下面文字，并以“Word 编辑排版.doc”为文件名将文件保存在 D 盘根目录下。

春↵

盼望着，盼望着，东风来了，春天的脚步近了。↵

一切都像刚睡醒的样子，欣欣然张开了眼。山朗润起来了，水长起来了，太阳的脸红起来了。↵

小草偷偷地从土里钻出来，嫩嫩的，绿绿的。园子里，田野里，瞧去，一大片一大片满是的。坐着，躺着，打两个滚，踢几脚球，赛几趟跑，捉几回迷藏。风轻悄悄的，草绵软软的。↵

桃树、杏树、梨树，你不让我，我不让你，都开满了花赶趟儿。红的像火，粉的像霞，白的像雪。花里带着甜味，闭了眼，树上仿佛已经满是桃儿、杏儿、梨儿！花下成千成百的蜜蜂嗡嗡地闹着，大小的蝴蝶飞来飞去。野花遍地是：杂样儿，有名字的，没名字的，散在草丛里，像眼睛，像星星，还眨呀眨的。↵

“吹面不寒杨柳风”，不错的，像母亲的手抚摸着你。风里带来些新翻的泥土的气息，混着青草味，还有各种花的香，都在微微润湿的空气里酝酿。鸟儿将窠巢安在繁花嫩叶当中，高兴起来了，呼朋引伴地卖弄清脆的喉咙，唱出宛转的曲子，与轻风流水应和着。牛背上牧童的短笛，这时候也成天在嘹亮地响。↵

雨是最寻常的，一下就是三两天。可别恼，看，像牛毛，像花针，像细丝，密密地斜织着，人家屋顶上全笼着一层薄烟。树叶子却绿得发亮，小草也青得逼你的眼。傍晚时候，上灯了，一点点黄晕的光，烘托出一片安静而和平的夜。乡下去，小路上，石桥边，撑起伞慢慢走着的人；还有地里工作的农夫，披着蓑，戴着笠的。他们的草屋，稀稀疏疏的在雨里静默着。↵

天上风筝渐渐多了，地上孩子也多了。城里乡下，家家户户，老老小小，他们也赶趟儿似的，一个个都出来了。舒活舒活筋骨，抖擞抖擞精神，各做各的一份事去。“一年之计在于春”，刚起头儿，有的是工夫，有的是希望。↵

春天像刚落地的娃娃，从头到脚都是新的，它生长着。↵

春天像小姑娘，花枝招展的，笑着，走着。↵

春天像健壮的青年，有铁一般的胳膊和腰脚，他领着我们上前去。↵

2.3　实验内容

散文排版，排版效果如图 2-1 所示。

朱自清名作欣赏

盼望着，盼望着，东风来了，春天的脚步近了。

◆ 一切都像剛睡醒的樣子，欣欣然張開了眼。山朗潤起來了，水長起來了，太陽的臉紅起來了。

◆ 小草偷偷地从土里钻出来，嫩嫩的，绿绿的。园子里，田野里，瞧去，一大片一大片满是的。坐着，躺着，打两个滚，踢几脚球，赛几趟跑，捉几回迷藏。风轻悄悄的，草绵软软的。

桃树、杏树、梨树，你不让我，我不让你，都开满了花赶趟儿。红的像火，粉的像霞，白的像雪。花里带着甜味，闭了眼，树上仿佛已经满是桃儿、杏儿、梨儿！花下成千成百的蜜蜂嗡嗡地闹着，大小的蝴蝶飞来飞去。野花遍地是：杂样儿，有名字的，没名字的，散在草丛里，像眼睛，像星星，还眨呀眨的。

"吹面不寒杨柳风"，不错的，像母亲的手抚摸着你。风里带来些新翻的泥土的气息，混着青草味，还有各种花的香，都在微微润湿的空气里酝酿。鸟儿将窠巢安在繁花嫩叶当中，高兴起来了，呼朋引伴地卖弄清脆的喉咙，唱出宛转的曲子，与轻风流水应和着。牛背上牧童的短笛，这时候也成天在嘹亮地响。

雨是最寻常的，一下就是三两天。可别恼，看，像牛毛，像花针，像细丝，密密地斜织着，人家屋顶上全笼着一层薄烟。树叶子却绿得发亮，小草也青得逼你的眼。傍晚时候，上灯了，一点点黄晕的光，烘托出一片安静而和平的夜。乡下去，小路上，石桥边，撑起伞慢慢走着的人；还有地里工作的农夫，披着蓑，戴着笠的。他们的草屋，稀稀疏疏的在雨里静默着。

天上风筝渐渐多了，地上孩子也多了。城里乡下，家家户户，老老小小，他们也赶趟儿似的，一个个都出来了。舒活舒活筋骨，抖擞抖擞精神，各做各的一份事去。"一年之计在于春"，刚起头儿，有的是工夫，有的是希望。

春天像刚落地的娃娃，从头到脚都是新的，它生长着。

春天像小姑娘，花枝招展的，笑着，走着。

春天像健壮的青年，有铁一般的胳膊和腰脚，他领着我们上前去。*

*现代作家朱自清作品

图 2-1 排版后效果

2.4 实验步骤

（1）打开“Word 编辑排版.doc”，将标题“春”设置为小二、蓝色、楷体、加粗、居中、加菱形圈增大圈号，并添加黄色底纹、绿色阴影边框，框线粗 1.5 磅；将正文各段的段后间距设置为 8 磅。

（2）将正文第 1 段中文字的字符间距设置为加宽 3 磅，段前间距设置为 18 磅；首字下沉，下沉行数为 2，距正文 0.2 cm。

（3）将正文第 2 段改为繁体字，在正文第 2 段、第 3 段前加项目符号“◆”。

（4）将正文第 4 段左右各缩进 1 cm，首行缩进 0.9 cm，行距为 18 磅。

（5）将正文第 5 段设置段落蓝色边框、框线粗 1.5 磅，段落浅绿色底纹；并分为等宽三栏，栏宽为 3.45 cm，栏间加分隔线。

（6）将正文第 6 段左右各缩进 2 cm，悬挂缩进 1.2 cm。

（7）查找文中“春天”的个数，将正文中的第一个“春天”设置为小四、绿色、加粗、加~~双删除线~~，添加文字黄色底纹；利用格式刷复制该格式到正文中所有的“春天”中。

（8）利用替换功能，将正文中所有的“花”设置为华文行楷、小三、倾斜、红色。

（9）将文档页面的纸型设置为“A4”，左右页边距各为 2 cm、上下页边距各为 2.5 cm。

（10）在文档的页面底端(页脚)以居中对齐方式插入页码，页码格式为“-1-”。

（11）设置页眉，添加页眉内容“朱自清名作欣赏”，加粗倾斜，对齐方式为“左对齐”。

（12）为文字“春”插入尾注内容“现代作家朱自清作品”，尾注引用标记格式为“♣”。

文章排版后效果如图 2-1 所示。

2.5 实验总结

通过本实验，要求掌握利用 Word 2010 对文档进行编辑排版的能力，提高对文档进行字符排版、段落排版、页面排版等方面的能力。

实验 3 Word 表格制作

3.1 实验目的

（1）熟练掌握表格的建立及内容的输入；
（2）熟练掌握表格的编辑；
（3）熟练掌握表格的格式化。

3.2 实验要求

（1）插入一个 8 行 6 列的表格，调整表格的大小。
（2）合并与拆分单元格，实现不规则单元格的设置。
（3）设置表格的行高和列宽。
（4）在表格中输入文字，并使文字相应单元格居中对齐。
（5）为表格设置不同线型、颜色的边框，为单元格添加底纹。
（6）设置斜线表头。
（7）文件命名为“Word 制表.doc”并保存在 D 盘下。

3.3 实验内容

制作课程表，效果如图 3-1 所示。

课程表

<table>
<tr><th colspan="2">星期
节次</th><th>星期一</th><th>星期二</th><th>星期三</th><th>星期四</th><th>星期五</th></tr>
<tr><td rowspan="4">上午</td><td rowspan="2">1~2 节</td><td></td><td></td><td></td><td></td><td></td></tr>
<tr><td></td><td></td><td></td><td></td><td></td></tr>
<tr><td rowspan="2">3~4 节</td><td></td><td></td><td></td><td></td><td></td></tr>
<tr><td></td><td></td><td></td><td></td><td></td></tr>
<tr><td rowspan="3">下午</td><td>5~6 节</td><td></td><td></td><td></td><td></td><td></td></tr>
<tr><td>7~8 节</td><td></td><td></td><td></td><td></td><td></td></tr>
<tr><td>9~10 节</td><td></td><td></td><td></td><td></td><td></td></tr>
</table>

图 3-1 课程表

3.4　操作步骤

（1）启动 Word 2010，进入 Word 窗口。

（2）在第 1 行输入“课程表”并回车换行。

（3）单击“插入”选项卡，单击“表格”选项组中的表格按钮弹出“插入表格”对话框，在“行数”数值框中选择或输入“8”，“列数”数值框中选择或输入“6”，单击“确定”按钮。单击表格第 1 行的相应单元格，在其中分别输入汉字“星期一”“星期二”……“星期五”，输完后选中文字单击右键，在弹出的快捷菜单中选择“单元格对齐方式”，再单击中部居中。

（4）选定第 1 列的第 2 ~ 5 行，单击右键，在弹出的快捷菜单中选择“合并单元格”。选定修改后表格的第 1 列的第 3 ~ 5 行，单击右键，在弹出的快捷菜单中选择“合并单元格”。选定第 1 列第 2 行，单击右键，在弹出的快捷菜单中选择“拆分单元格”，打开“拆分单元格”对话框，在“行数”数值框中输入或选择“1”，“列数”选择“2”，单击“确定”按钮。同样，选定第 1 列第 3 行，将其拆分为 1 行 2 列。选中第 2 行第 2 列，单击右键，在弹出的快捷菜单中选择“拆分单元格”，在“拆分单元格”对话框中选择“行数”为“2”，“列数”为“1”，单击“确定”按钮。同样，选中第 3 行第 2 列，将其拆分为 3 行 1 列。

（5）选中表格，单击“格式”工具栏的“居中”按钮，使表格居中对齐。单击第 1 列和第 2 列的相应单元格，在其中输入需要的文字，文字全部输完后，选中文字单击右键，在弹出的快捷菜单中选择“单元格对齐方式”，再单击中部居中。

（6）单击“设计”选项卡，在“绘图边框”选项组 “笔样式”下拉列表中选择绘制边框线型为实线“——”，在“笔划粗细”下拉列表框中选择“1.5 磅”，单击“笔颜色”下拉按钮，在下拉列表中选择“蓝色”，单击“绘制表格”按钮，重画表格的外框线。同样，单击“笔样式”下拉列表框，在下拉列表中选择双实线“═══”，再单击“笔画粗细”下拉列表框，在下拉列表中选择“1.5 磅”，单击“笔颜色”下拉按钮，在下拉列表中选择“红色”，单击“绘制表格”按钮，重画上午和下午之间的分隔线。选定“星期一”“星期二”……“星期五”所在的单元格，单击“开始”选项卡，在“段落”选项组中单击“边框底纹”按钮，在“边框底纹”对话框中单击“底纹”选项卡，在填充下拉列表中选择绿色，选定“1 ~ 2 节”至“9 ~ 10 节”所在的单元格，单击“开始”选项卡，在“段落”选项组中单击“边框底纹”按钮，在“边框底纹”对话框中单击“底纹”选项卡，在“填充”下拉列表中选择“橙色”，强调文字颜色 6，淡色 40%。

（7）单击第 1 行第 1 列单元格，右击鼠标在快捷菜单中单击“边框底纹”命令，打开“边框底纹”对话框，单击“边框”选项卡，单击绘制斜线按钮，在“应用于（L）”列表中选择“单元格”，在斜线表头中输入“星期”并单击右对齐按钮，回车换行输入“节次”并左对齐。

（8）选中表格标题“课程表”， 在“字体”选项组中设置字体为“黑体”，字号为“二号”，单击“居中”按钮。

（9）全选表格右击鼠标打开“表格属性”对话框，单击“行”选项卡，在“指定高度”中设置行高为 1 cm，在“列”选项卡中设置列“指定宽度”为 2 厘米，选定表格第一列设置列宽为 1 cm。

（10）单击“文件”选项卡下面的“另存为”命令，在打开的“另存为”对话框中，选择将文件保存到“D: \ ”，文件名输入“Word 制表”，单击“保存”按钮。

3.5 实验总结

通过本实验，掌握利用 Word 2010 制作表格的办法，提高利用 Word 2010 编辑表格和格式化表格等方面的能力。

实验 4　Word 高效排版

4.1　实验目的

（1）掌握文档样式和模板的使用方法；
（2）掌握目录的创建及操作方法。

4.2　实验要求

创建一篇长文档，使用系统内置样式对文档各级标题进行格式化，利用 Word 2010 提供的抽取文档目录功能自动生成目录文档并插入封面。

4.3　实验内容及操作步骤

4.3.1　文档样式

样式是 Word 文档处理软件中最方便的功能，能迅速改变文档的外观。一个样式可以包含一组格式，可以保证格式的统一性，具有统一样式的文本即具有完全相同的格式。对于长文档来说，要插入目录必须先使用样式。

1. 使用系统内置样式

具体操作步骤如下：
（1）将鼠标定位到要应用某种内置样式的段落。
（2）打开“开始”选项卡，在“样式”选项组中，单击“快速样式库”右侧的“其他”按钮，弹出如图 4-1 所示的下拉列表，从中选择相应样式即可；或者单击“样式”选项组右下角的按钮，将打开如图 4-2 所示的“样式”任务窗格，在其中也可以选择样式。
（3）在“快速样式库”下拉列表中单击“清除样式”命令，或者在“样式”任务窗格中“全部清除”命令，即可清除应用的样式。

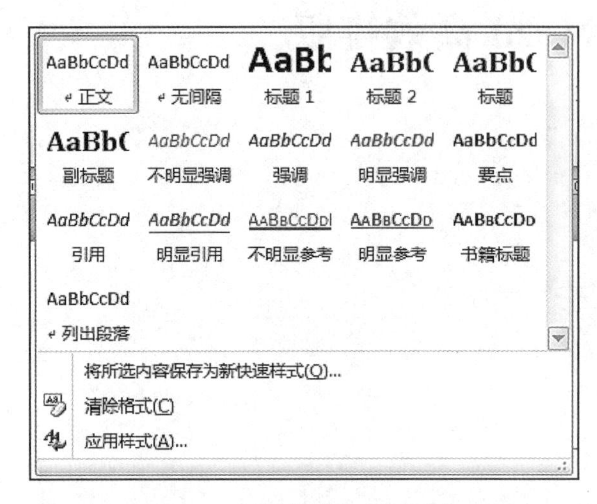

图 4-1 “快速样式库”列表

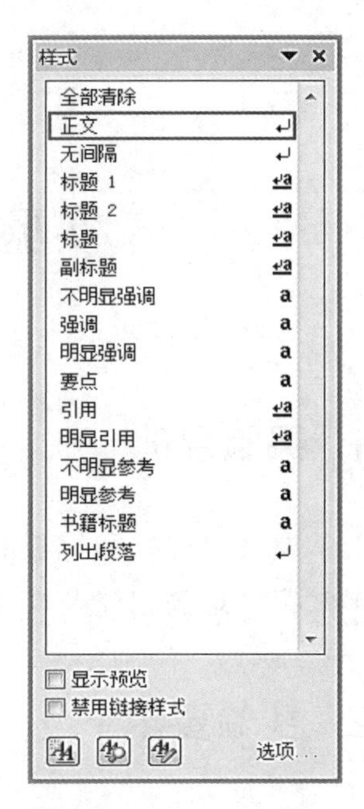

图 4-2 “样式”任务窗格

2. 修改样式

如果某些样式不满足格式要求，则可以先修改样式后再应用样式。

在“快速样式库”中或者“样式”任务窗格中选择某种样式，单击鼠标右键，从弹出的快捷菜单中选择“修改”命令，在打开的如图 4-3 所示的“修改样式”对话框中更改相应的选项，单击“确定”按钮即可。

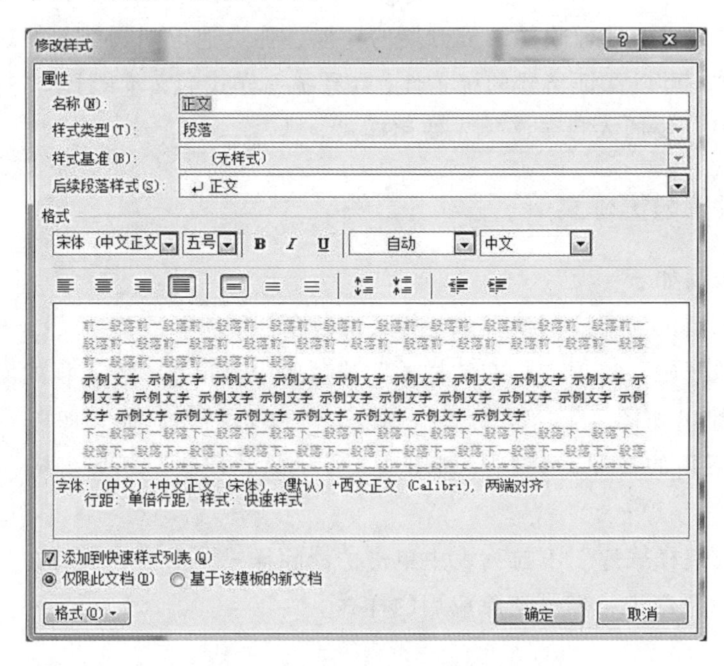

图 4-3 “修改样式”对话框

3. 创建新样式

在打开的“样式”任务窗格中单击“新建样式”按钮，将打开如图 4-4 所示的“根据格式设置创建新样式”对话框，在对话框中进行相应的选项设置即可。

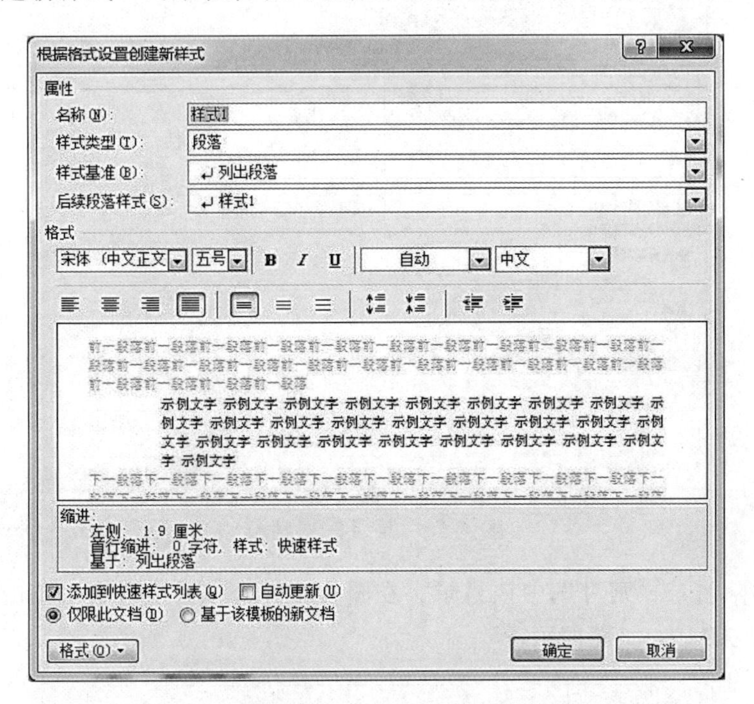

图 4-4 “根据格式设置创建新样式”对话框

4. 删除样式

在“样式”任务窗格中选择某种样式，单击鼠标右键，从弹出的快捷菜单中选择“删除”命令即可。

4.3.2 制作目录

目录清晰地列出了文档各级标题及每个标题所在的页码。单击目录中的某个页码，可以快速跳转到该页码对应的标题处，因此目录的使用十分方便。

1. 创建文档目录

运用 Word 中的内置样式可以自动生成相应的目录，具体操作步骤如下：

（1）首先，文档中的各级标题需指定某个级别的样式。

（2）将光标定位到要插入目录的位置（一般位于文档的开头）。

单击“引用”选项卡，在“目录”选项组中，单击“目录”下拉菜单，从弹出的下拉列表中选择相应的内置目录即可；或者在下拉列表中单击“插入目录”命令，将打开如图 4-5 所示的“目录”对话框，在该对话框中进行标题显示级别、前导符、目录格式等设置，单击“确定”按钮即可。

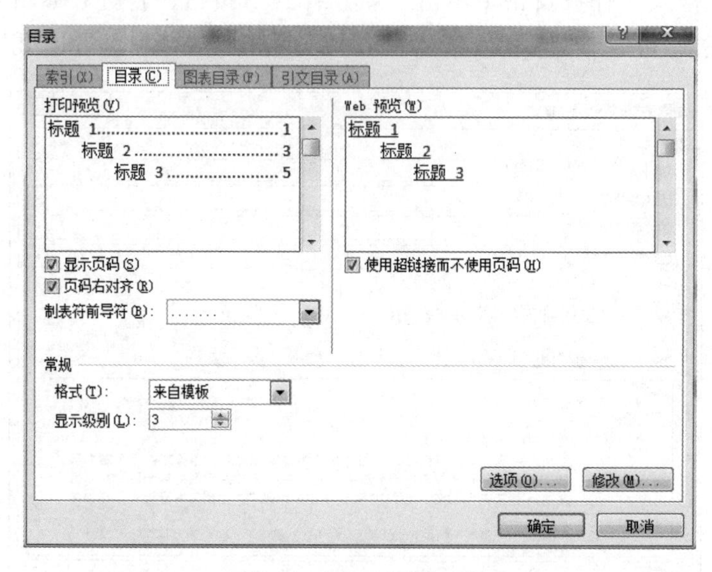

图 4-5 “目录”对话框

如果要删除目录，则可选中该目录，在图 4-6 所示的下拉列表中单击“删除目录”命令；或者按“Delete”键即可。

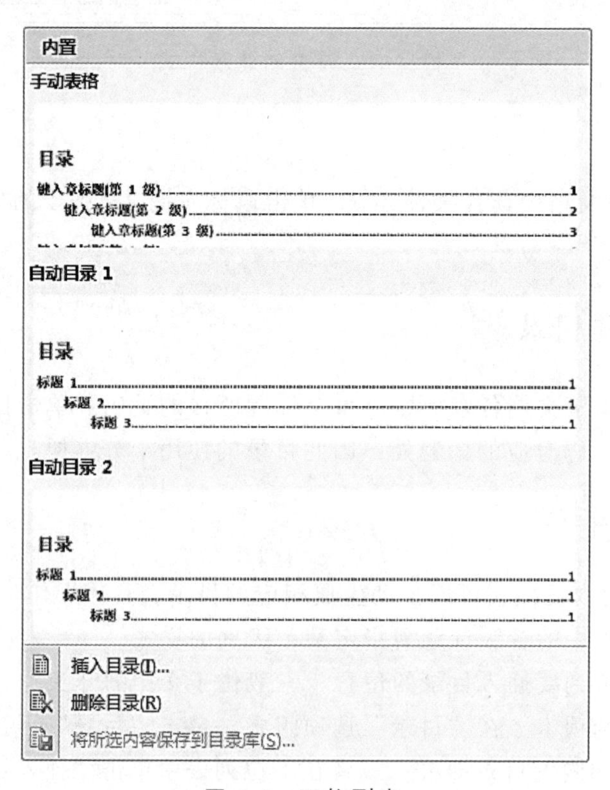

图 4-6 下拉列表

所创建的目录如图 4-7 所示。

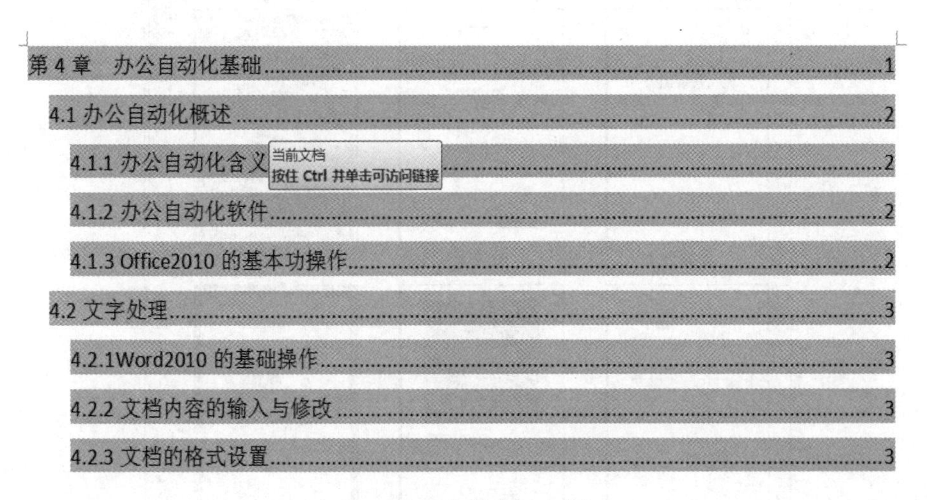

图 4-7　创建目录示例

2. 更新目录

插入目录后，可以像编辑普通文本一样对其进行格式设置。如果再次对正文文档进行编辑和修改操作，目录中的标题和页码可能会发生变化，但是目录并不能自动变化，因此必须更新目录。其操作方法如下：

单击“引用”选项卡，在“目录”选项组中单击“更新目录”按钮，将打开如图 4-8 所示的“更新目录”对话框，在该对话框中进行相应的更新选择，单击“确定”按钮即可。

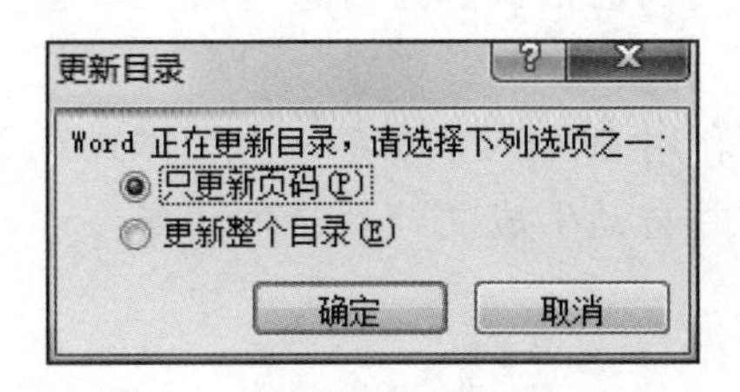

图 4-8　“更新目录”对话框

4.3.3　插入封面

长文档编辑完成后，可以为文档插入一个封面。Word 2010 提供了多种实用美观的内置封面，插入的封面总是位于长文档的第 1 页，而无论当前光标在什么位置。

单击“插入”选项卡，在“页”选项组中单击“封面”按钮，在弹出的下拉列表中选择相应的内置封面即可，如图 4-9 所示。若单击“删除当前封面”命令，则可以删除插入的封面。当然，还可以对于内置封面进行调整，比如编辑文本、更改图片等。

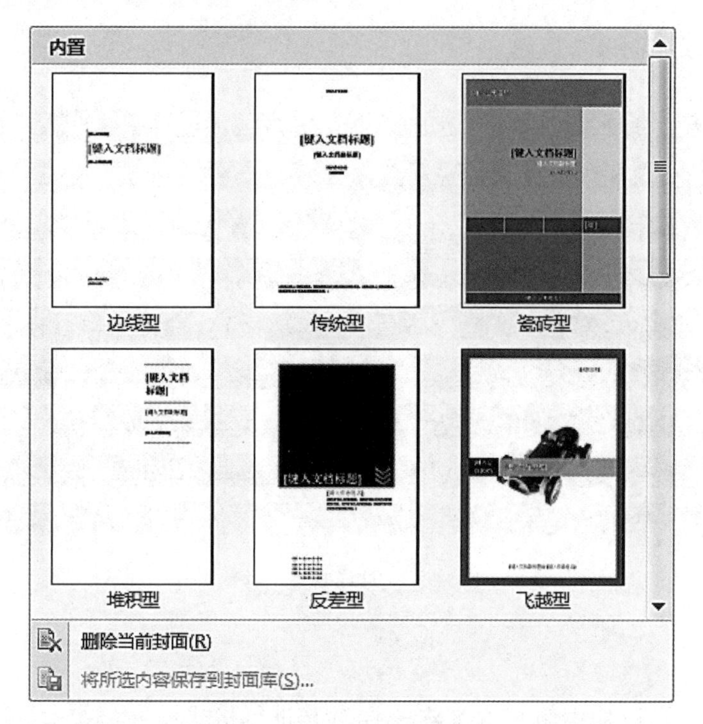

图 4-9 插入封面下拉列表

4.4 实验总结

对于学术论文、各种公文、书稿、产品说明书等具有较复杂格式的文档，可以利用样式和模板准确、快速地对文档的格式和外观进行统一设置。对于长文档，可以自动生成目录。

通过本实验，可以学习利用 Word 2010 系统内置样式对文档各级标题进行格式化，掌握 Word 2010 编辑长文档并自动生成文档目录的功能。

实验 5　Word 邮件合并

5.1　实验目的

掌握“邮件合并”的功能及使用场景。

5.2　实验要求

掌握“邮件合并”的基本操作。

5.3　实验内容

利用邮件合并功能制作学生补考通知书。

邮件合并就是把两个不同的文档进行合并操作。两个文档中其中一个是数据源文档，包含可以变化的信息，如表 5-1 所示的“补考信息表”；另一个文档称为主文档，包含共同内容和设置好的格式，如图 5-1 所示。

表 5-1　补考信息表[①]

姓名	课程名称	补考时间	补考地点
周利	C++程序设计	11 月 10 日 9—10 节	一教 1208 教室
陈亚	网页设计基础	11 月 11 日 9—10 节	二教 2208 教室
李肖肖	数据库	11 月 12 日 9—10 节	三教 3208 教室
胡清	大学计算机	11 月 11 日 9—10 节	四教 4208 教室
王丽	大学英语	11 月 10 日 9—10 节	五教 5208 教室
张三	C++程序设计	11 月 10 日 9—10 节	一教 1208 教室
李军	网页设计基础	11 月 11 日 9—10 节	二教 2208 教室
红梅	数据库	11 月 12 日 9—10 节	三教 3208 教室
赵琴	大学计算机	11 月 11 日 9—10 节	四教 4208 教室
李兰兰	大学英语	11 月 10 日 9—10 节	五教 5208 教室

① 本书中出现的人名等信息，纯属虚构，切勿对号入座。

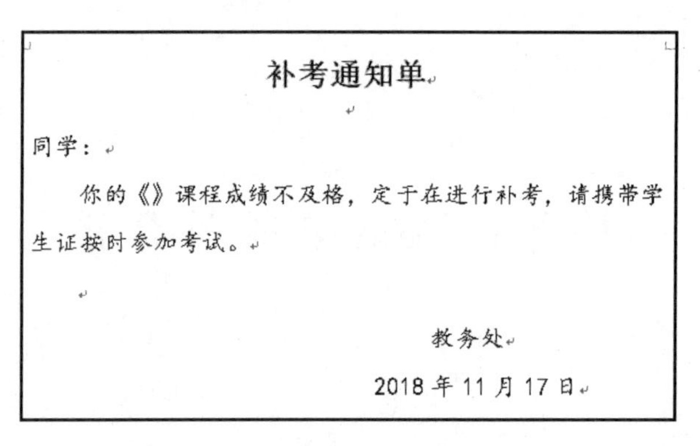

补考通知单

同学：

你的《》课程成绩不及格，定于在进行补考，请携带学生证按时参加考试。

教务处

2018 年 11 月 17 日

图 5-1　主文档

5.4　操作步骤

（1）建立一个数据源文档“补考信息表.docx”，内容如表 5-1 所示。

（2）创建一个主文档“补考通知单.docx”，内容与格式如图 5-1 所示。

（3）邮件合并。

① 打开主文档，单击“邮件”选项卡，在“开始邮件合并”选项组中单击“开始邮件合并”按钮，选择“信函”命令。

② 在“开始邮件合并”选项组中单击“选择收件人”按钮，选择“使用现有列表”命令，打开“选取数据源”对话框。

③ 在“选取数据源”对话中，选择要打开的数据源“补考信息表.docx”，单击“打开”按钮。

④ 单击“开始邮件合并”选项组中的“编辑收件人列表”按钮，在“邮件合并收件人”对话框中，可以进行编辑或默认设置，完成之后单击“确定”按钮。如图 5-2 所示。

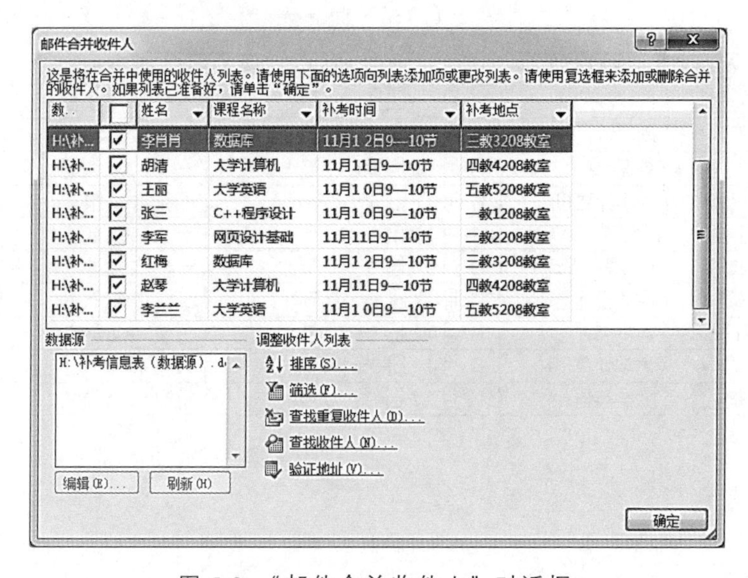

图 5-2　“邮件合并收件人”对话框

⑤ 将光标定位到要插入合并域的位置，在“编写和插入域”选项组中单击“插入合并域”按钮，选择要插入的合并域，继续定位并插入其他域名，如图 5-3 所示。

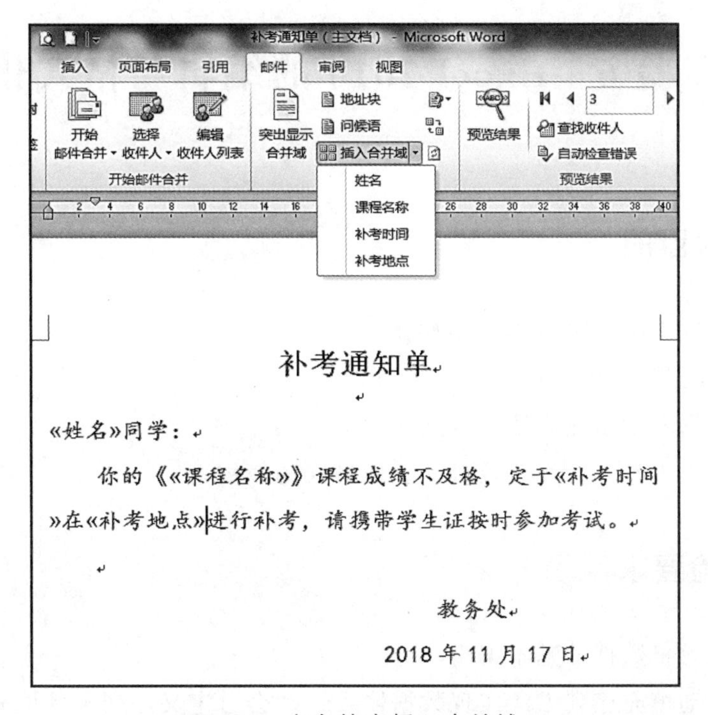

图 5-3　在文档中插入合并域

⑥ 在“完成”选项组中单击“完成并合并”按钮，执行“编辑单个文档”命令，Word 将在新文档中显示合并后的文档结果。

注意：数据源文档可以采用 Word 表格、Excel 表格或 Access 表格数据，表格的每一列称为一个域（也称字段），每一行是一条记录。在数据源文档中，表格必须置于文档最顶部，确保表格的顶部不能有空白或其他文本。

5.5　实验总结

通过本实验，可以学习利用 Word 2010 邮件合并功能将两个不同文档合并成一个文档。该功能常用于创建请柬、信封、名片、学生成绩单等各种批量套用文档。利用邮件合并功能，可以大大减少重复工作量，提高工作效力。

实验 6　Excel 2010 的编辑与格式化

6.1 实验目的

（1）熟练掌握 Excel 2010 的基本操作。

（2）掌握单元格数据的编辑。

（3）掌握数据自动填充方法。

（4）掌握工作表格式的设置及自动套用格式的使用。

6.2 实验要求

（1）实现单元格数据的基本编辑。

（2）利用自动填充序列方法实现数据输入，学会自定义序列及其填充方法。

（3）实现对工作表的格式化，如字体、颜色、底纹、对齐方式及数据格式等。

6.3 实验内容

工作表格式化，具体样式如表 6-1 所示。

表 6-1　格式化后的样表

A	B	C	D	E	F	G	H
公司员工工资表							
姓名	部门	职务	出生年月	基本工资	奖金	扣款额	实发工资
刘铁	销售部	业务员	1970年7月2日	1500	1200	98	
孙刚	销售部	业务员	1972年12月23日	400	890	86.5	
陈凤	销售部	业务员	1965年4月25日	1000	780	66.5	
沈阳	销售部	业务员	1976年7月23日	840	830	58	
秦强	财务部	会计	1967年6月3日	1000	400	48.5	
陆斌	财务部	出纳	1972年9月3日	450	290	78	
邹蕾	技术部	技术员	1974年10月3日	380	540	69	
彭佩	技术部	技术员	1976年7月9日	900	350	45.5	
雷曼	技术部	工程师	1966年8月23日	1600	650	66	
郑黎	技术部	技术员	1971年3月12日	900	420	56	
潘越	财务部	会计	1975年9月28日	950	350	53.5	
王海	销售部	业务员	1972年10月12日	1300	1000	88	
平均值							

6.4　实验步骤

6.4.1　Excel 的基本操作

1. 启动 Excel 2010 并更改默认格式

（1）选择“开始”→“所有程序”→“Microsoft office”→“Microsoft office Excel 2010”命令，启动 Excel 2010。

（2）单击“文件”按钮，在弹出的菜单中执行“选项”命令，弹出“Excel 选项”对话框，在“常规”选项面板中单击“新建工作簿时”区域内“使用的字体”下三角按钮，在展开的下拉列表中选择“华文中宋”选项。

（3）单击“包含的工作表数”数值框右侧上调按钮，将数值设置为 5，如图 6-1 所示，最后单击“确定”按钮。

图 6-1　Excel 选项

（4）设置了新建工作簿的默认格式后，弹出 Microsoft Excel 提示框，单击“确定”按钮，如图 6-2 所示。

图 6-2　Microsoft Excel 提示框

（5）将当前所打开的所有 Excel 2010 窗口关闭，然后重新启动 Excel 2010，新建一个 Excel 表格，并在单元格内输入文字，即可看到更改默认格式的效果。

2. 新建空白工作簿并输入文字

（1）在打开的 Excel 2010 工作簿中单击“文件”按钮，执行“新建”命令。在右侧的“新建”选项面板中，单击“空白工作簿”图标，再单击“创建”按钮，如图 6-3 所示，系统会自动创建新的空白工作簿。

图 6-3 新建空白工作簿

（2）在默认状态下 Excel 自动打开一个新工作簿文档，标题栏显示工作簿 1-Microsoft Excel，当前工作表是 Sheet1。

（3）选中 A1 为当前单元格，键入标题文字——公司员工工资表。

（4）选中 A1 至 H1（按下鼠标左键拖动），在当前地址显示窗口出现“1R×8C”的显示，表示选中了 1 行 8 列，此时单击“开始|对齐方式|合并后居中”按钮，即可实现单元格的合并及标题居中的功能。

（5）单击 A2 单元格，输入“姓名”，然后用光标键选定 B2 单元格，输入数据，并用同样的方式完成所有数据部分的内容输入。

3. 在表格中输入相同数据

（1）单击 B3 单元格，输入“销售部”，然后使用自动填充的方法，将鼠标指向 B3 单元格右下角，当出现符号“+”时，拖动鼠标至 B6 单元格，完成自动填充数据。

（2）其他相同有序数据输入方式同上。

4. 单元格、行、列的移动与删除

（1）选中 A4 单元格并向右拖动到 H4 单元格，从而选中从 A4 到 H4 之间的单元格。

（2）在选中区域单击鼠标右键，执行“删除”命令可删除选中区域，在这里我们执行“剪切”命令。

（3）选中 A15 单元格，单击鼠标右键选择插入剪切的单元格，完成粘贴操作。

5. 调整行高、列宽

（1）如图 6-4 所示，单击第 3 行左侧的行标标签 3 ，然后向下拖动至第 15 行，选中从第 3 行到第 15 行的单元格。

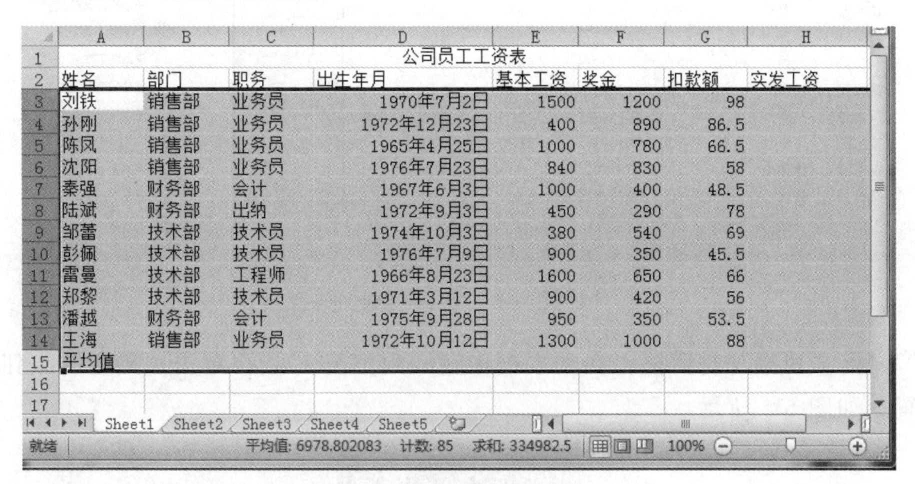

	A	B	C	D	E	F	G	H
1	公司员工工资表							
2	姓名	部门	职务	出生年月	基本工资	奖金	扣款额	实发工资
3	刘铁	销售部	业务员	1970年7月2日	1500	1200	98	
4	孙刚	销售部	业务员	1972年12月23日	400	890	86.5	
5	陈凤	销售部	业务员	1965年4月25日	1000	780	66.5	
6	沈阳	销售部	业务员	1976年7月23日	840	830	58	
7	秦强	财务部	会计	1967年6月3日	1000	400	48.5	
8	陆斌	财务部	出纳	1972年9月3日	450	290	78	
9	邹蕾	技术部	技术员	1974年10月3日	380	540	69	
10	彭佩	技术部	技术员	1976年7月9日	900	350	45.5	
11	雷曼	技术部	工程师	1966年8月23日	1600	650	66	
12	郑黎	技术部	技术员	1971年3月12日	900	420	56	
13	潘越	财务部	会计	1975年9月28日	950	350	53.5	
14	王海	销售部	业务员	1972年10月12日	1300	1000	88	
15	平均值							
16								
17								

图 6-4 选择单元格示意图

（2）将鼠标指针移动到左侧的任意标签分界处，这时鼠标指针变为“÷”形状，按鼠标左键向下拖动，将出现一条虚线并随鼠标指针移动，显示行高的变化，如图 6-5 所示。

（3）当拖动鼠标使虚线到达合适的位置后释放鼠标左键，这时所有选中的行高均被改变。

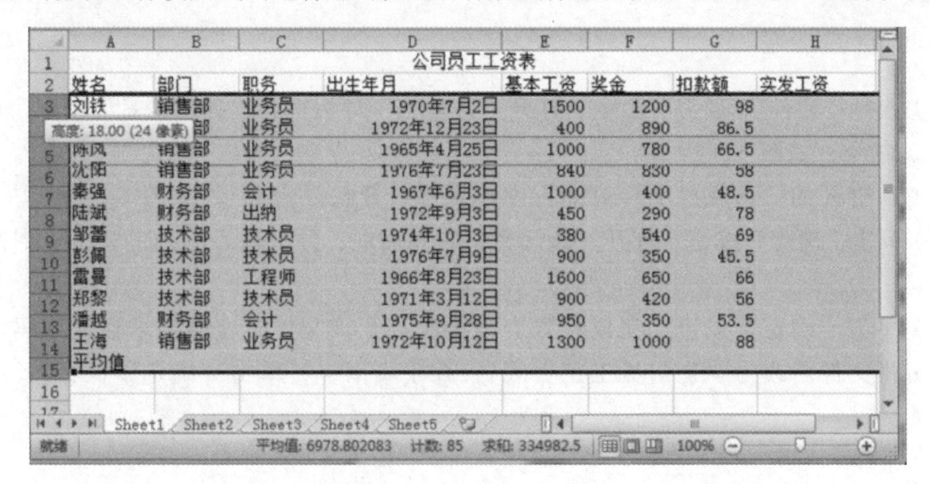

	A	B	C	D	E	F	G	H
1	公司员工工资表							
2	姓名	部门	职务	出生年月	基本工资	奖金	扣款额	实发工资
3	刘铁	销售部	业务员	1970年7月2日	1500	1200	98	
4		部	业务员	1972年12月23日	400	890	86.5	
5	陈凤	销售部	业务员	1965年4月25日	1000	780	66.5	
6	沈阳	销售部	业务员	1976年7月23日	840	830	58	
7	秦强	财务部	会计	1967年6月3日	1000	400	48.5	
8	陆斌	财务部	出纳	1972年9月3日	450	290	78	
9	邹蕾	技术部	技术员	1974年10月3日	380	540	69	
10	彭佩	技术部	技术员	1976年7月9日	900	350	45.5	
11	雷曼	技术部	工程师	1966年8月23日	1600	650	66	
12	郑黎	技术部	技术员	1971年3月12日	900	420	56	
13	潘越	财务部	会计	1975年9月28日	950	350	53.5	
14	王海	销售部	业务员	1972年10月12日	1300	1000	88	
15	平均值							
16								

图 6-5 显示行高变化图

（4）选中 H 列所有单元格，切换至“开始”选项卡，在“单元格”组中选择“格式”→“列宽”选项，如图 6-6 所示。

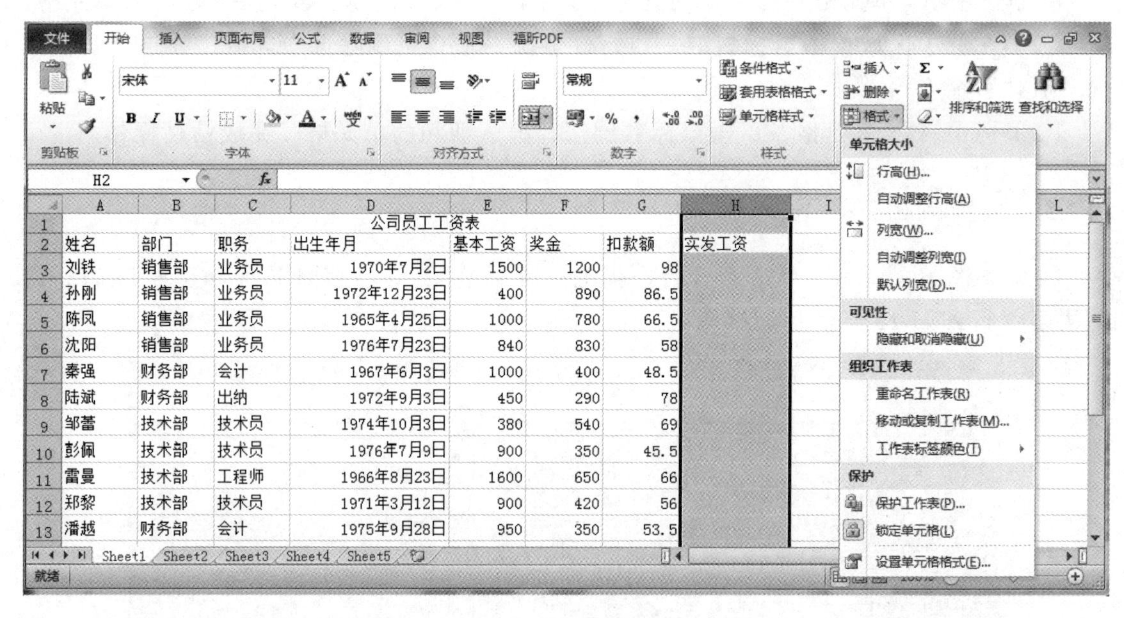

	A	B	C	D	E	F	G	H
1				公司员工工资表				
2	姓名	部门	职务	出生年月	基本工资	奖金	扣款额	实发工资
3	刘铁	销售部	业务员	1970年7月2日	1500	1200	98	
4	孙刚	销售部	业务员	1972年12月23日	400	890	86.5	
5	陈凤	销售部	业务员	1965年4月25日	1000	780	66.5	
6	沈阳	销售部	业务员	1976年7月23日	840	830	58	
7	秦强	财务部	会计	1967年6月3日	1000	400	48.5	
8	陆斌	财务部	出纳	1972年9月3日	450	290	78	
9	邹蕾	技术部	技术员	1974年10月3日	380	540	69	
10	彭佩	技术部	技术员	1976年7月9日	900	350	45.5	
11	雷曼	技术部	工程师	1966年8月23日	1600	650	66	
12	郑黎	技术部	技术员	1971年3月12日	900	420	56	
13	潘越	财务部	会计	1975年9月28日	950	350	53.5	

图 6-6 设置列宽

（5）弹出“列宽”对话框，在文本框中输入列宽值 12，再单击“确定”按钮，完成列宽设置，如图 6-7 所示。

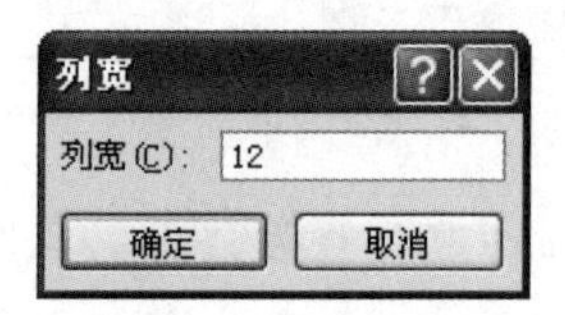

图 6-7 “列宽”对话框

6. 保存并加密

（1）选择“文件|另存为”命令，打开“另存为”对话框，选择“工具”按钮下的“常规选项”命令，如图 6-8 所示。

（2）在打开的“常规选项”对话框中输入“打开权限密码”，如图 6-9 所示。

（3）单击“确定”按钮，打开“确认密码”对话框，再次输入刚才的密码，如图 6-10 所示。

（4）单击“确定”按钮，完成设置。当再次打开该文件时就会要求输入密码。

（5）将文件名改为“公司员工工资表”，存于桌面上，单击“确定”保存。

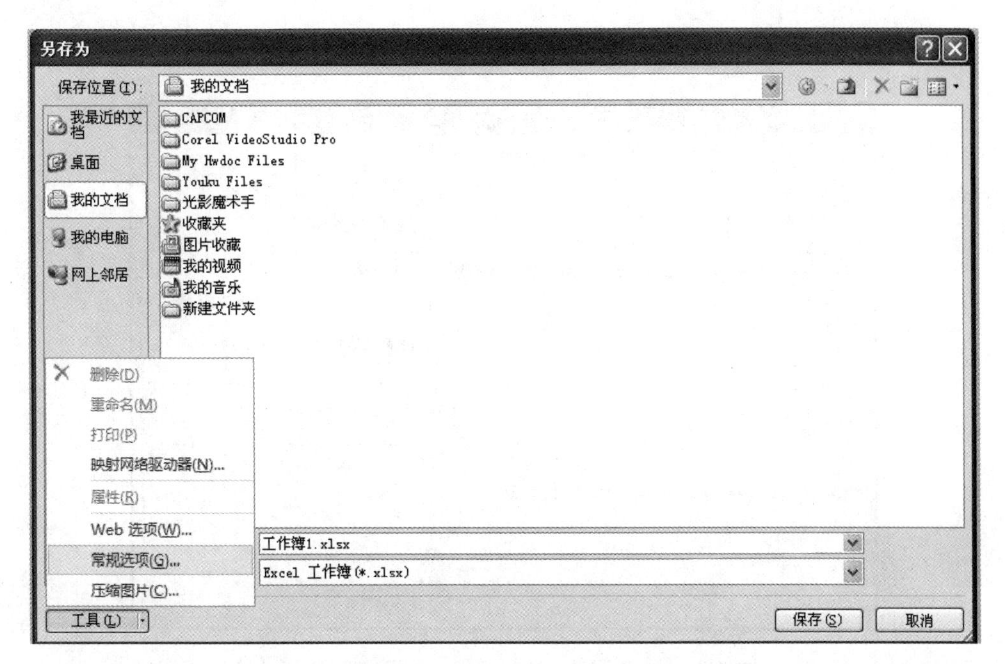

图 6-8 “另存为”对话框

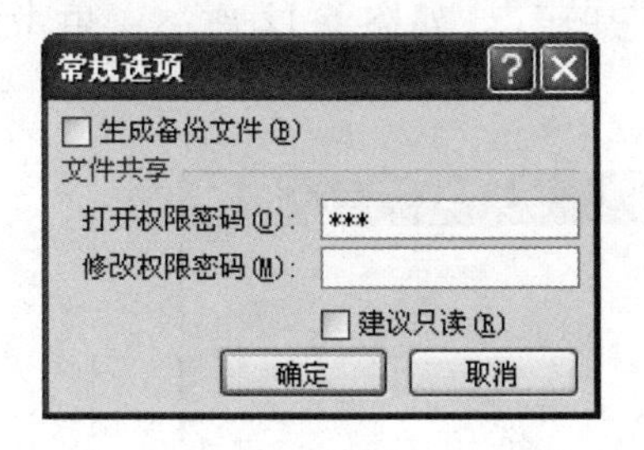

图 6-9 “常规选项”对话框

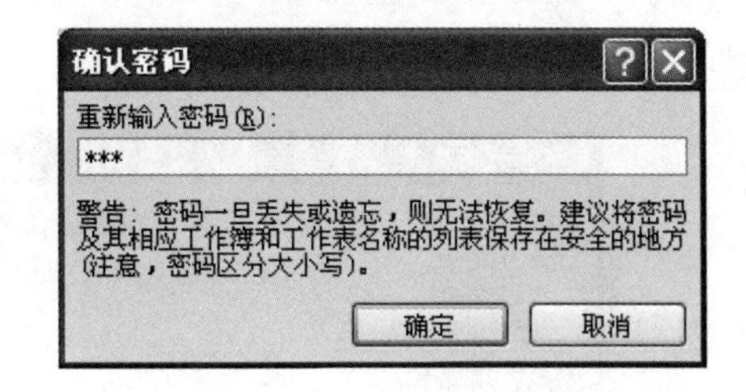

图 6-10 “确认密码”对话框

6.4.2 工作表格式化

1. 打开“公司员工工资表 xlsx”

（1）进入 Excel 2010，选择“文件|打开”命令，弹出“打开”对话框。

（2）按照路径找到工作簿的保存位置，双击其图标打开该工作簿，或者单击选中图标，单击该对话框中的“打开”按钮。

2. 设置字体、字号、颜色及对齐方式

（1）选中表格中的全部数据，单击鼠标右键，在弹出的快捷菜单中选择“设置单元格格式”命令，打开“设置单元格格式对话框”。

（2）切换到“字体”选项卡，字体选择为“宋体”，字号为“12”，颜色为“深蓝，

文字 2，深色 50%”。如图 6-11 所示。

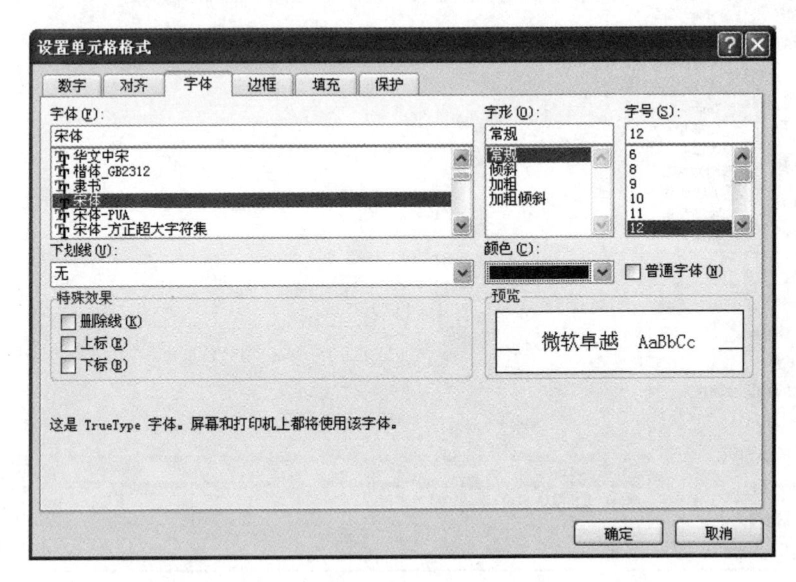

图 6-11 “单元格格式”——“字体”选项卡

（3）打开“对齐”选项卡，文本对齐方式选择“居中”，如图 6-12 所示。单击“确定”按钮。

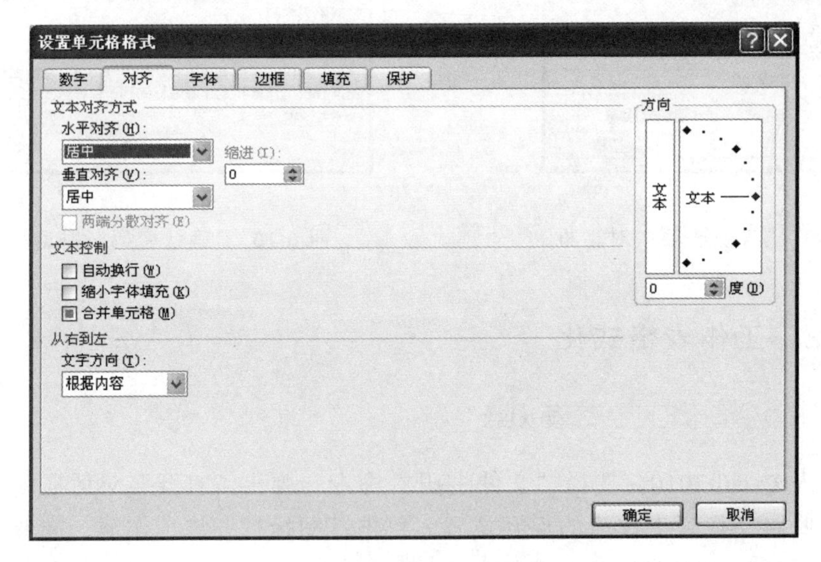

图 6-12 “对齐”选项卡

（4）选中第 2 行，用同样的方法对第 2 行数据进行设置，将其颜色设置为“黑色”；字形设置为“加粗”。

3. 设置表格线

（1）选中 A2 单元格并向右下方拖动鼠标，直到 H15 元格，然后单击“开始”→“字体”组中的“边框”按钮，从弹出的下拉列表中选择“所有框线”图标，如图 6-13 所示。

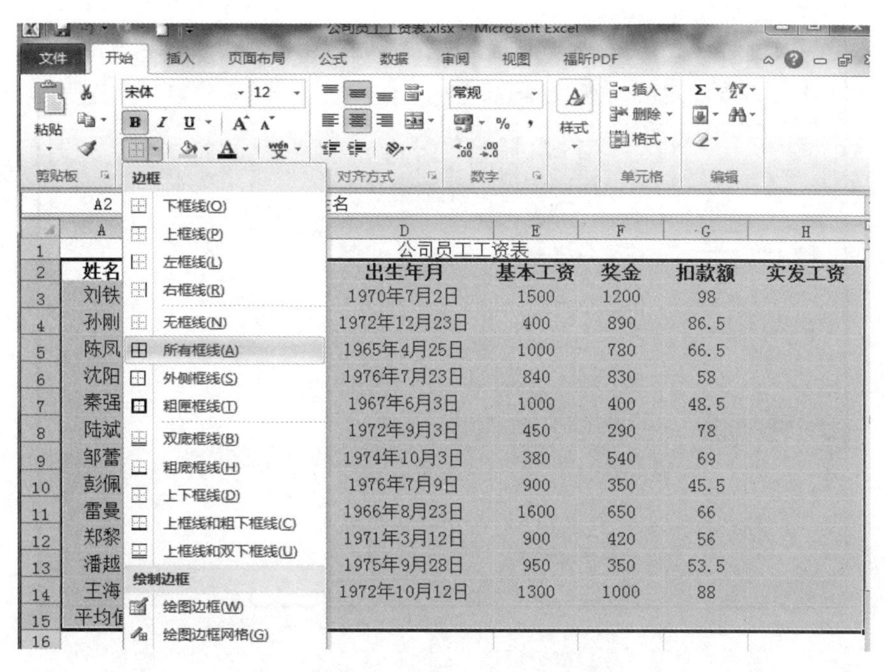

图 6-13 选择“所有框线”图标

（2）做特殊边框线设置时，首先选定制表区域，切换到“开始”选项卡，单击“单元格”组中的“格式”按钮，在展开的下拉列表中单击“设定单元格格式”选项，如图 6-14 所示。

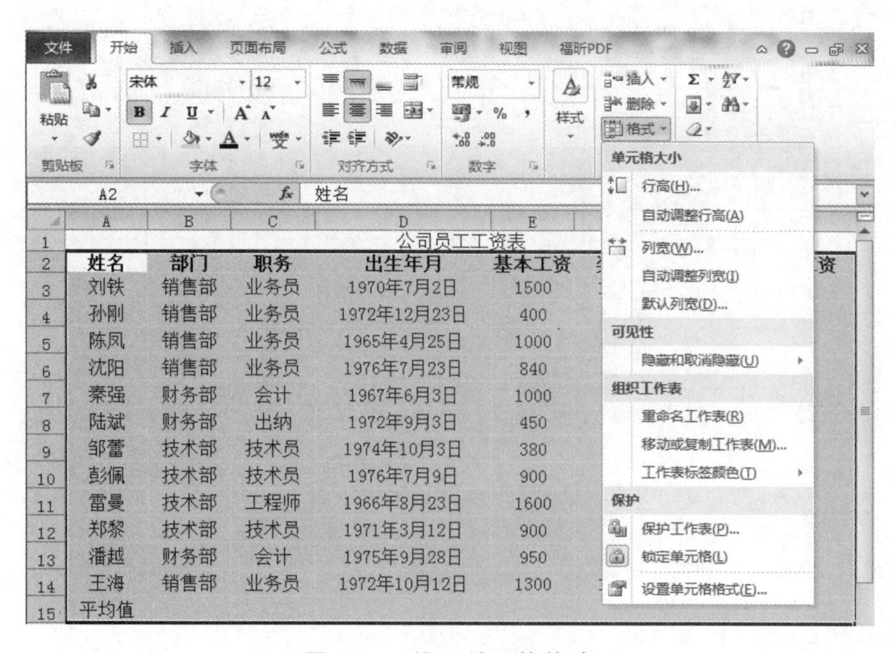

图 6-14 设置单元格格式

（3）在弹出的“设置单元格格式”对话框中，打开“边框”选项卡，选择一种线条样式后，在“预置”组合框中单击“外边框”按钮，如图 6-15 所示。

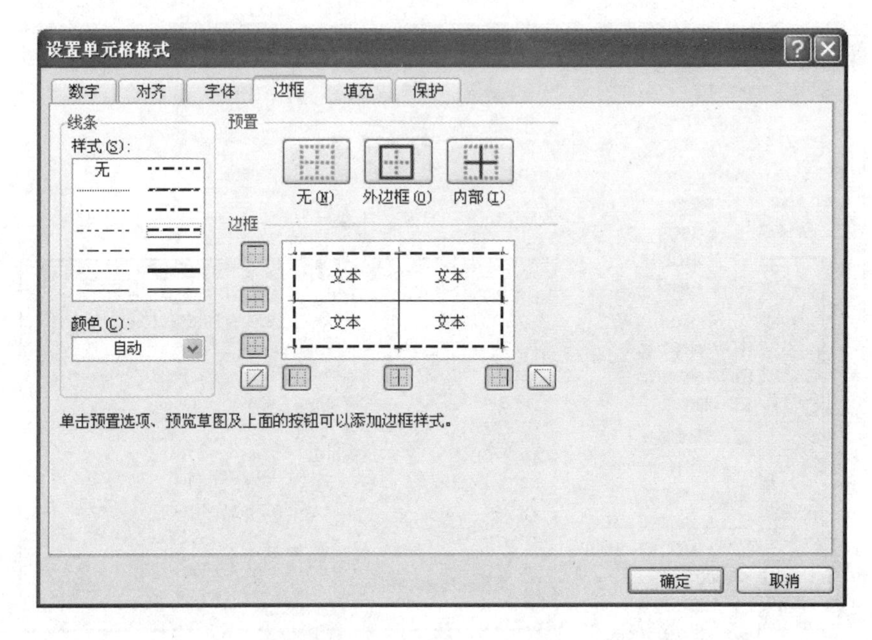

图 6-15 “边框”选项卡

（4）单击“确定”按钮。设置完边框后的工作表效果如图 6-16 所示。

	A	B	C	D	E	F	G	H
1	公司员工工资表							
2	姓名	部门	职务	出生年月	基本工资	奖金	扣款额	实发工资
3	刘铁	销售部	业务员	1970年7月2日	1500	1200	98	
4	孙刚	销售部	业务员	1972年12月23日	400	890	86.5	
5	陈凤	销售部	业务员	1965年4月25日	1000	780	66.5	
6	沈阳	销售部	业务员	1976年7月23日	840	830	58	
7	秦强	财务部	会计	1967年6月3日	1000	400	48.5	
8	陆斌	财务部	出纳	1972年9月3日	450	290	78	
9	邹蕾	技术部	技术员	1974年10月3日	380	540	69	
10	彭佩	技术部	技术员	1976年7月9日	900	350	45.5	
11	雷曼	技术部	工程师	1966年8月23日	1600	650	66	
12	郑黎	技术部	技术员	1971年3月12日	900	420	56	
13	潘越	财务部	会计	1975年9月28日	950	350	53.5	
14	王海	销售部	业务员	1972年10月12日	1300	1000	88	
15	平均值							
16								

图 6-16 设置边框后工作表效果图

4. 设置 Excel 中的数字格式

（1）选中 E3 至 F14 单元格。

（2）右击选中区域，在弹出的快捷菜单中选择“设置单元格格式”命令，打开“设置单元格格式对话框”，切换到“数字”选项卡。

（3）在“分类”列表框中选择“数值”选项；将“小数位数”设置为“0”；选中“使用千位分隔符”复选框，在“负数”列表框中选择“(1,234)”，如图 6-17 所示。

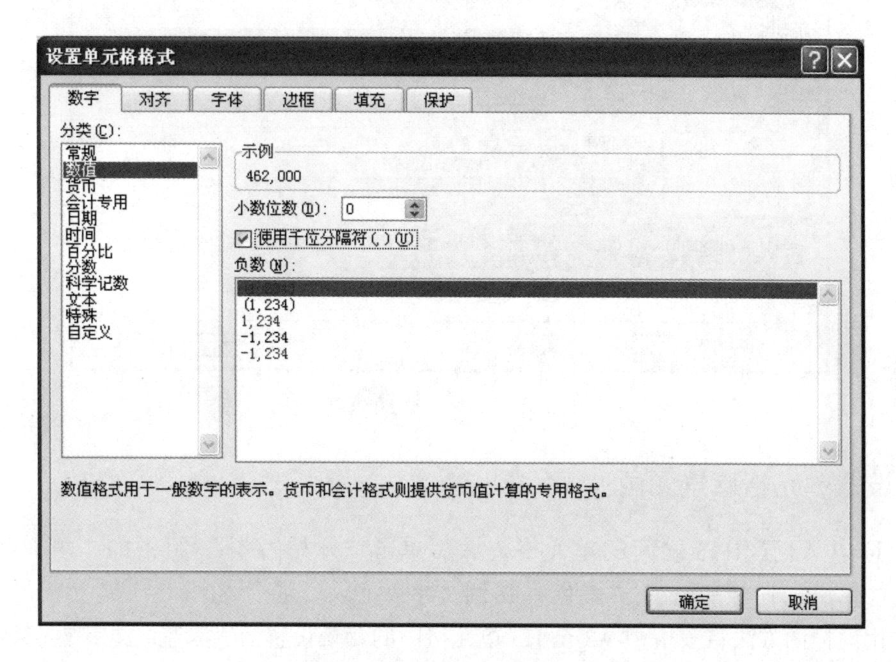

图 6-17 “数字”选项卡

5. 设置日期格式

（1）将鼠标指针移动到第一行左侧的标签上，当鼠标指针变为➡时，单击该标签选中第 1 行中的全部数据。

（2）右击选中的区域，在弹出的快捷菜单中，单击“插入”命令。

（3）在插入的空行中，选中 A1 单元格并输入“2018-9-1”，单击编辑栏左侧的“输入”按钮✓，结束输入状态。

（4）选中 A1 单元格，右击选中区域，在快捷菜单中单击“设置单元格格式”命令，打开“设置单元格格式”对话框，切换到“数字”选项卡。

（5）在“分类”列表框中选择“日期”，然后在“类型”列表框中选择“二○○一年三月十四日”，如图 6-18 所示。

（6）单击“确定”按钮。

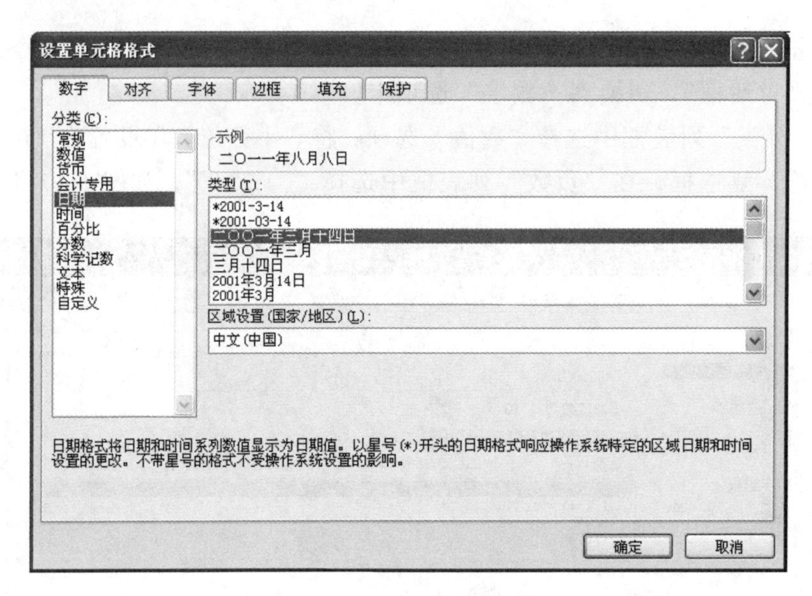

图 6-18 设置日期格式

6. 设置单元格背景颜色

（1）选中 A4 至 H15 之间的单元格，然后单击“开始|字体”组中的“填充颜色”按钮，在弹出的面板中选择“紫色，强调文字颜色 4，淡色 80%”。

（2）用同样的方法将表格中 A3 至 H3 单元格中的背景设置为“深蓝，文字 2，深色 25%”。

（3）做特殊底纹设置时，右击选定底纹设置区域，在快捷菜单中单击“设置单元格格式”命令，打开“设置单元格格式”对话框，切换到“填充”选项卡，在“图案样式”下拉列表中选择“6.25% 灰色”，如图 6-19 所示，单击“确定”按钮，设置背景颜色后的工作表效果如图 6-20 所示。

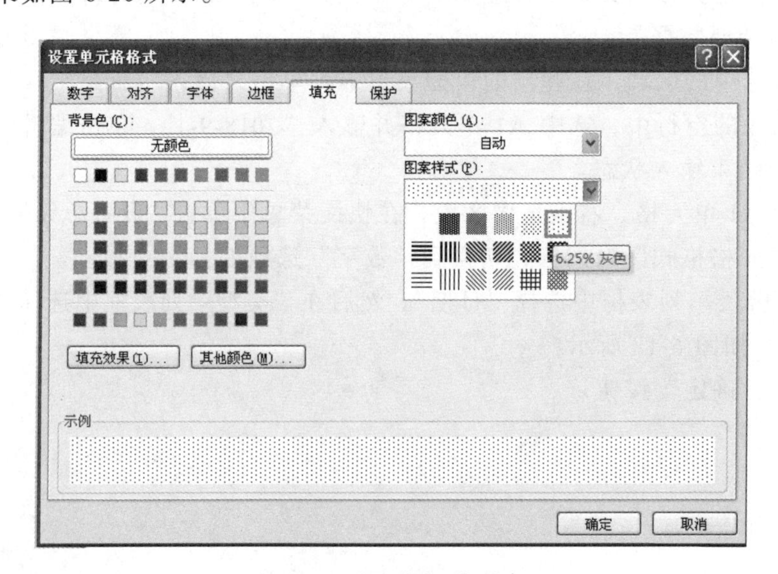

图 6-19 “图案”选项卡

	A	B	C	D	E	F	G	H
1	二〇一八年九月一日							
2				公司员工工资表				
3	姓名	部门	职务	出生年月	基本工资	奖金	扣款额	实发工资
4	刘铁	销售部	业务员	1970年7月2日	1500	1200	98	
5	孙刚	销售部	业务员	1972年12月23日	400	890	86.5	
6	陈凤	销售部	业务员	1965年4月25日	1000	780	66.5	
7	沈阳	销售部	业务员	1976年7月23日	840	830	58	
8	秦强	财务部	会计	1967年6月3日	1000	400	48.5	
9	陆斌	财务部	出纳	1972年9月3日	450	290	78	
10	邹蕾	技术部	技术员	1974年10月3日	380	540	69	
11	彭佩	技术部	技术员	1976年7月9日	900	350	45.5	
12	雷曼	技术部	工程师	1966年8月23日	1600	650	66	
13	郑黎	技术部	技术员	1971年3月12日	900	420	56	
14	潘越	财务部	会计	1975年9月28日	950	350	53.5	
15	王海	销售部	业务员	1972年10月12日	1300	1000	88	
16	平均值							

Sheet1 Sheet2 Sheet3 Sheet4 Sheet5

图 6-20 设置背景颜色后工作表效果图

实验 7　Excel 2010 公式和函数

7.1　实验目的

（1）掌握常用公式和函数的使用，了解数据的统计运算。
（2）学会对工作表的数据进行统计运算。
（3）掌握使用条件格式设置单元格内容，了解删除条件格式的方法。

7.2　实验要求

（1）利用常用函数实现数据的统计运算，如总分、平均分等。
（2）利用公式和函数完成数据的简单计算，并将工作簿加密保存。
（3）使用条件格式完成工作数据的统计，并实现条件格式的删除。

7.3　实验内容

（1）按照样表 7-1 输入数据，并完成相应的格式设置。

表 7-1　样表

	A	B	C	D	E	F	G
1	英语成绩统计表						
2	学号	姓名	口语	听力	作文	总分	备注
3	201101	甲	91	85	89		
4	201102	乙	82	58	95		
5	201103	丙	75	80	77		
6	201104	丁	45	56	60		
7	平均分						

（2）分别使用公式和函数计算每个学生成绩总分。

（3）分别使用公式和函数计算各科成绩平均分。

（4）在“备注”栏中注释出每位同学的通过情况：若“总分”大于 250 分，则在备注栏中填“优秀”；若总分小于 250 分但大于 180 分，则在备注栏中填“及格”；否则在备注栏中填“不及格”。

（5）将表格中所有成绩小于 60 的单元格设置为“红色”字体并“加粗”；将表格中所有成绩大于 90 的单元格设置为“绿色”字体并加粗；将表格中“总分”小于 180 的数据，设置背景颜色。

（6）将 C3 至 F6 单元格区域中成绩大于 90 的条件格式设置删除。

（7）将文件保存至桌面，文件名为“英语成绩统计表”。

7.4　实验步骤

7.4.1　启动 Excel 并输入数据

启动 Excel 并按表 7-1 所示格式完成相关数据的输入。

7.4.2　计算总分

（1）单击 F3 单元格，输入公式“=C3+D3+E3”，按 Enter 键，移至 F4 单元格。

（2）在 F4 单元格中输入公式“=SUM（C4：E4）”，按 Enter 键，移至 F5 单元格。

（3）切换到“开始”选项卡，在“编辑”组中单击“求和”按钮 Σ，此时 C5：F5 区域周围将出现闪烁的虚线边框，同时在单元格 F5 中显示求和公式“=SUM（C5：E5）”。公式中的区域以黑底黄字显示，如图 7-1 所示，按 Enter 键，将光标移至 F6 单元格。

SUM　=SUM(C5:E5)

	A	B	C	D	E	F	G	H
1	英语成绩统计表							
2	学号	姓名	口语	听力	作文	总分	备注	
3	201101	甲	91	85	89	265		
4	201102	乙	82	58	95	235		
5	201103	丙	75	80		=SUM(C5:E5)		
6	201104	丁	45	56	60	SUM(number1, [number2], ...)		
7	平均分							

图 7-1　利用公式求和示意图

（4）单击“编辑栏”前边的“插入公式”按钮 fx，屏幕显示“插入函数”对话框，如图 7-2 所示。

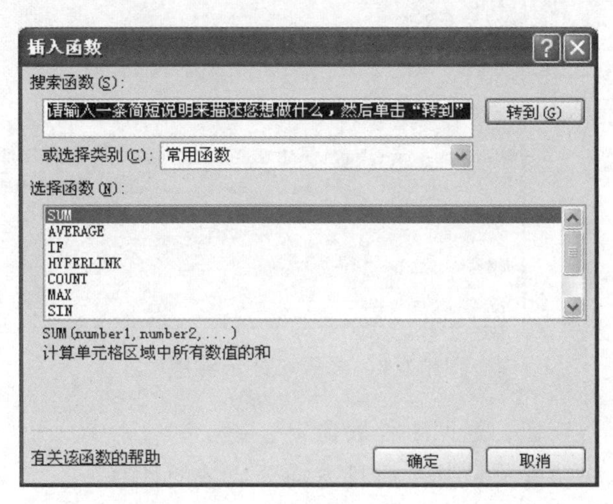

图 7-2　“插入函数”对话框

（5）在“或选择类别”下拉列表中选择“常用函数”选项，在“选择函数”列表框中选择“SUM”。单击“确定”按钮，弹出“函数参数”对话框。

（6）在 Number1 框中输入“C6：E6”，如图 7-3 所示。

（7）单击“确定”按钮，返回工作表窗口。

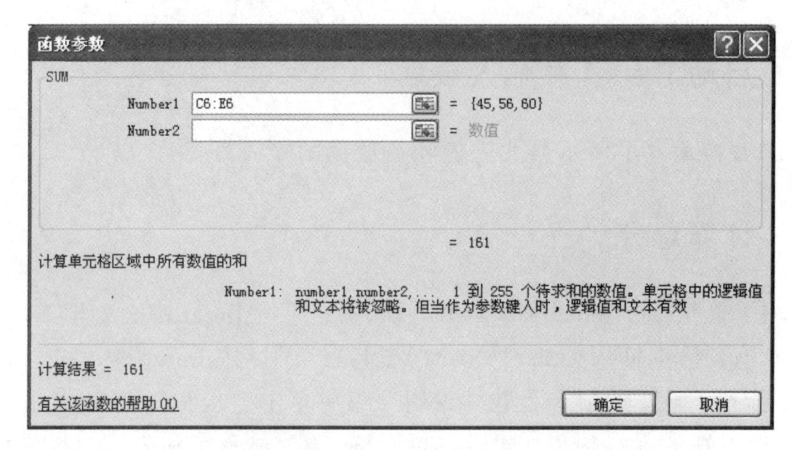

图 7-3 “函数参数”对话框

7.4.3 计算平均分

（1）选中 C7 单元格，单击“插入公式”按钮 fx，弹出“插入函数”对话框，在“选择函数”区域中选择“AVERAGE”，单击“确定”按钮后弹出“函数参数”对话框。

（2）在工作表窗口中用鼠标选中 C3 到 C6 单元格，在 Number1 框中即出现“C3：C6”，如图 7-4 所示。

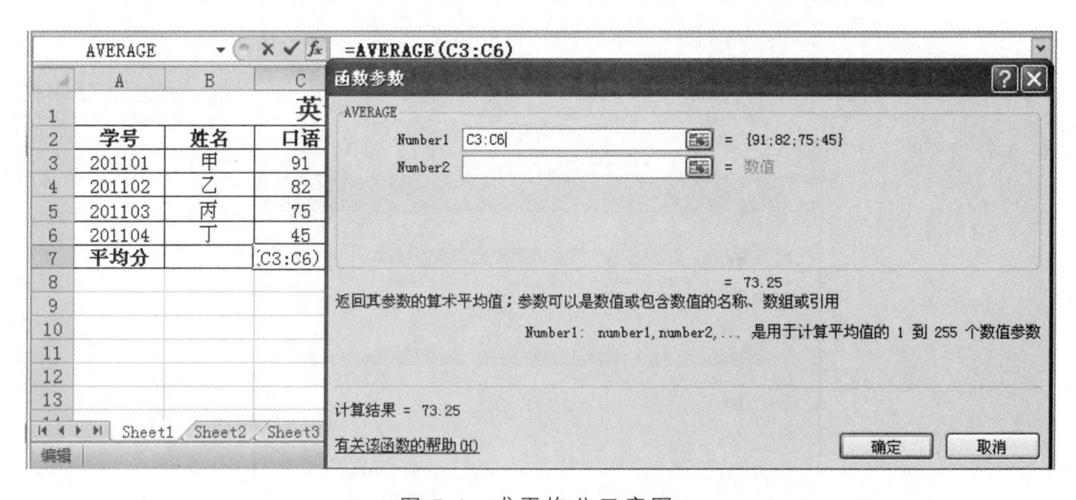

图 7-4 求平均分示意图

（3）单击“确定”按钮，返回工作表窗口。

（4）利用自动填充功能完成其余科目平均分成绩的计算。

7.4.4 IF 函数的使用

（1）选中 G3 单元格，单击“插入公式”按钮，弹出“插入函数”对话框，在“选择函数”区域中选择“IF”，单击“确定”按钮后弹出“函数参数”对话框。

（2）单击 Logical_test 右边的“拾取”按钮。

（3）单击工作表窗口中的 F3 单元格，然后输入“>=250”，如图 7-5 所示。

图 7-5 IF 函数参数图（1）

（4）单击“返回”按钮。

（5）在 Value_if_true 右边的文本输入框中输入“优秀”，如图 7-6 所示。

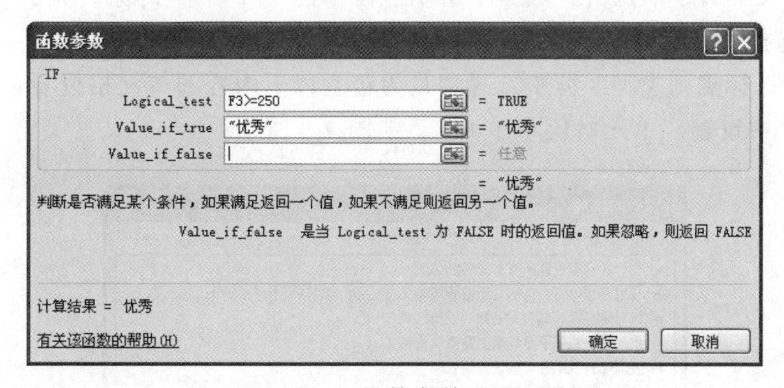

图 7-6 IF 函数参数图（2）

（6）将光标定位到 Value_if_false 右边的输入框中，单击工作表窗口左上角的“IF”按钮 IF，又弹出一个“函数参数”对话框。

（7）将光标定位到“Logical_test”右边的输入框中，单击工作表窗口中的 F3 单元格，然后输入“>=180”。

（8）在“Value_if_true”右边的输入框中输入“及格”，在“Value_if_false”右边的输入框中输入“不及格”，如图 7-7 所示。

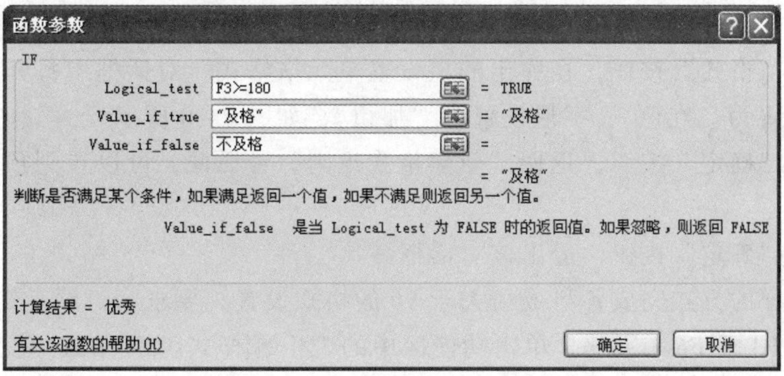

图 7-7 IF 函数参数图（3）

（9）单击【确定】按钮，完成其余数据操作，最终效果如图 7-8 所示。

	A	B	C	D	E	F	G
1	英语成绩统计表						
2	学号	姓名	口语	听力	作文	总分	备注
3	201101	甲	91	85	89	265	优秀
4	201102	乙	82	58	95	235	及格
5	201103	丙	75	80	77	232	及格
6	201104	丁	45	56	60	161	不及格
7	平均分		73.25	69.75	80.25		

图 7-8　使用 IF 函数后工作表效果图

7.4.5　条件格式的使用

（1）选中 C3：E6 单元格区域，单击功能区中的“开始|样式|条件格式”按钮，在弹出的列表中选择“新建规则”命令，弹出“新建格式规则”对话框。

（2）在“选择规则类型”框中选择“只为包含以下内容的单元格设置格式”。在“编辑规则说明”中设置“单元格值小于 60”，如图 7-9 所示。

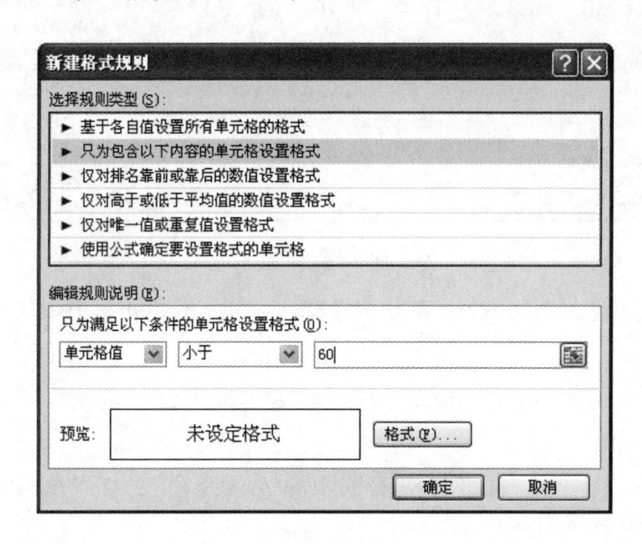

图 7-9　“新建格式规则”对话框

（3）单击“格式”按钮，在弹出的“设置单元格格式”对话框中打开“字体”选项卡，将颜色设置为“红色”，字形设置为“加粗”，如图 7-10 所示。

（4）单击“确定”按钮，返回“新建格式规则”对话框，可以看到预览文字效果，如图 7-11 所示。

（5）单击“确定”按钮，退出该对话框。

（6）用同样的方式完成各科成绩大于 90 的格式设置，要求为“绿色”字体并加粗。

（7）选中 F3 至 F6 单元格，单击功能区中的“开始|样式|条件格式”按钮，在弹出的列表中选择“新建规则”命令，弹出“新建格式规则”对话框。

图 7-10　“字体”选项卡

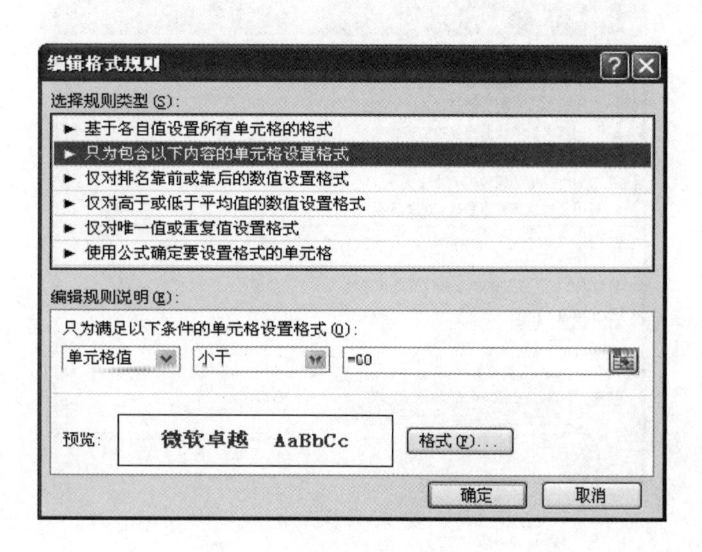

图 7-11　预览文字效果

（8）在“选择规则类型”框中选择“只为包含以下内容的单元格设置格式”。在“编辑规则说明”中设置“单元格值小于 180”。

（9）单击“格式”按钮，在弹出的“设置单元格格式”对话框中打开“填充”选项卡，将单元格底纹设置为“浅紫色”，如图 7-12 所示。

（10）单击“确定”按钮，返回“新建格式规则”对话框，可以看到预览文字效果，如图 7-13 所示。

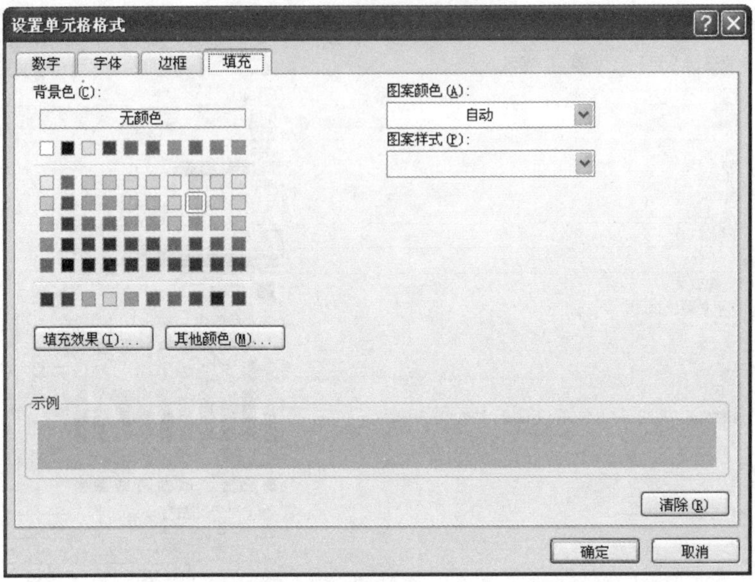

图 7-12 “填充”选项卡

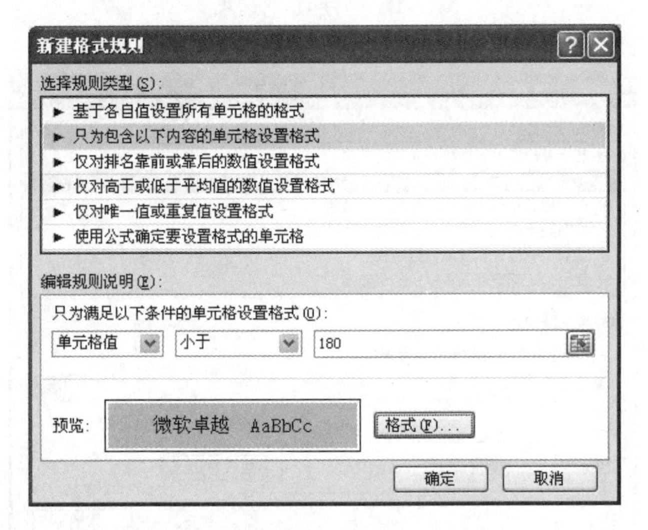

图 7-13 “新建格式规则”对话框

（11）单击“新建格式规则”对话框的“确定”按钮，退出该对话框，结果如图 7-14 所示。

	A	B	C	D	E	F	G
1	英语成绩统计表						
2	**学号**	**姓名**	**口语**	**听力**	**作文**	**总分**	**备注**
3	201101	甲	**91**	85	89	265	优秀
4	201102	乙	82	**58**	**95**	235	及格
5	201103	丙	75	80	77	232	及格
6	201104	丁	**45**	**56**	60	161	不及格
7	**平均分**		73.25	69.75	80.25		

图 7-14 设置“条件”和“格式”后的工作表效果

7.4.6　条件格式的删除

（1）将光标位于 C3 至 F6 单元格区域中的任意单元格中，单击功能区中的“开始|样式|条件格式”按钮，在弹出的列表中选择“管理规则”命令，弹出“条件格式规则管理器”对话框，如图 7-15 所示。

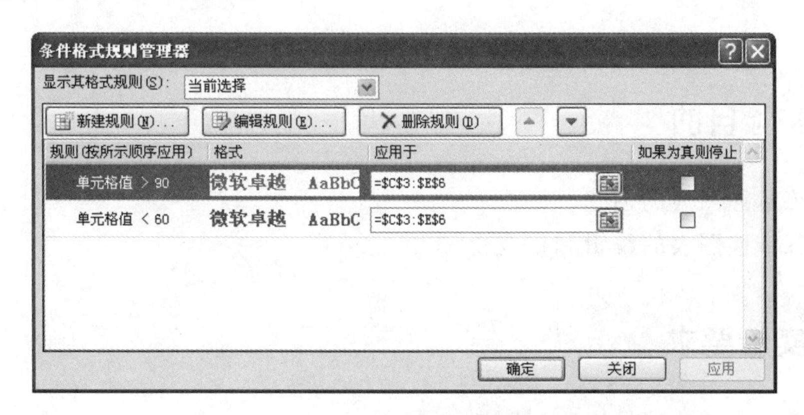

图 7-15　“条件格式规则管理器”对话框

（2）选中“单元格值>90”条件规则，单击“删除规则”按钮，该条件格式规则即被删除，“条件格式规则管理器”中显示现有条件格式规则，如图 7-16 所示。

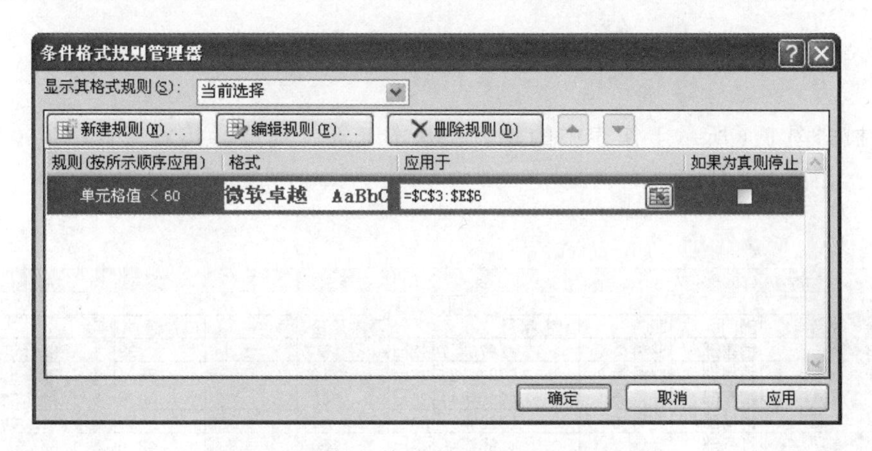

图 7-16　“条件格式规则管理器”对话框

7.4.7　保存文件

（1）选择“文件|另存为”命令，弹出“另存为”对话框，选择保存路径。

（2）将文件名改为“英语成绩统计表”，单击“保存”按钮。

实验 8 Excel 图表应用

8.1 实验目的

（1）熟练掌握图表的创建。

（2）熟练掌握图表的编辑和格式化。

8.2 实验要求

（1）创建一个“公司员工工资”表。

（2）工作表中的姓名、基本工资、奖金、实发工资创建图表。

（3）对图表进行编辑和格式化处理。

8.3 实验内容及操作步骤

（1）根据图 8-1 所示工作表中的姓名、基本工资、奖金、实发工资产生一个三维簇状柱形图，如图 8-2 所示。

	A	B	C	D	E	F	G	H
1	公司员工工资表							
2	姓名	部门	职务	出生年月	基本工资	奖金	扣款额	实发工资
3	刘铁	销售部	业务员	1970年7月2日	1500	1200	98	¥ 2,602.00
4	孙刚	销售部	业务员	1972年12月23日	400	890	86.5	¥ 1,203.50
5	陈凤	销售部	业务员	1965年4月25日	1000	780	66.5	¥ 1,713.50
6	沈阳	销售部	业务员	1976年7月23日	840	830	58	¥ 1,612.00
7	秦强	财务部	会计	1967年6月3日	1000	400	48.5	¥ 1,351.50
8	陆斌	财务部	出纳	1972年9月3日	450	290	78	¥ 662.00
9	邹蕾	技术部	技术员	1974年10月3日	380	540	69	¥ 851.00
10	彭佩	技术部	技术员	1976年7月9日	900	350	45.5	¥ 1,204.50
11	雷曼	技术部	工程师	1966年8月23日	1600	650	66	¥ 2,184.00
12	郑黎	技术部	技术员	1971年3月12日	900	420	56	¥ 1,264.00
13	潘越	财务部	会计	1975年9月28日	950	350	53.5	¥ 1,246.50
14	王海	销售部	业务员	1972年10月12日	1300	1000	88	¥ 2,212.00
15	平均值				935	641.6667	67.79167	¥ 1,508.88

图 8-1 正确选定建立图表的数据源

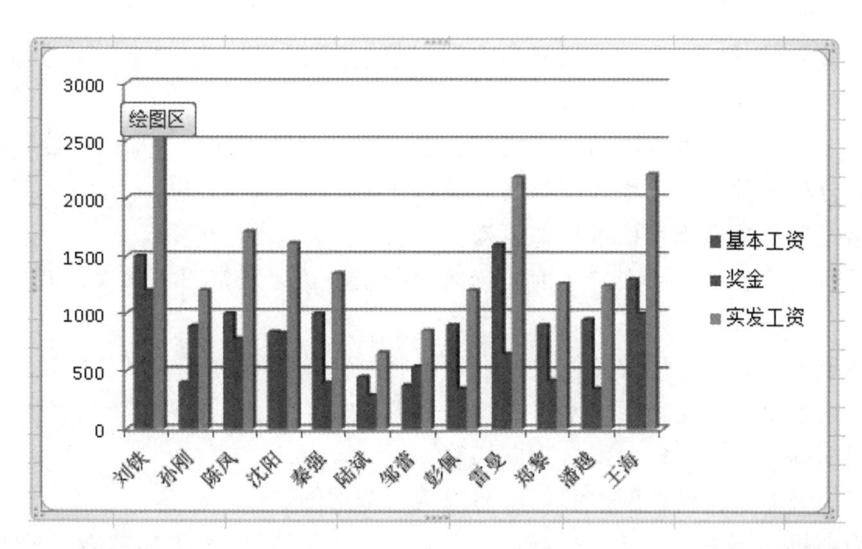

图 8-2　簇状柱形图

操作步骤如下：

① 选定建立图表的数据源。这一步非常重要，方法如下：先选定姓名列（A2:A14），按住 Ctrl 键，再选定基本工资列（E2:E14）、奖金列（F2:F14）和实发工资列（H2:H14），如图 8-1 所示。

② 单击“插入”选项卡“图表”组“柱形图”的下拉按钮，在“三维柱形图”区中选择第一个“三维簇状柱形图”，然后将图表调整至合适大小。

在创建图表之后，还可以对图表进行修改编辑，包括更改图表类型、选择图表布局和图表样式等。这些可以通过“图表工具”选项卡中的相应功能来实现。该选项卡在选定图表后便会自动出现，它包括 3 个标签，分别是“设计”“布局”和“格式”。其中，在“设计”选项卡下可以进行如下操作：

- 更改图表类型：重新选择合适的图表。
- 另存为模板：将设计好的图表保存为模板，方便以后调用。
- 切换行/列：将图表的 X 轴数据和 Y 轴数据对调。
- 选择数据：“在选择数据源”对话框可以编辑、修改系列与分类轴标签。
- 设置图标布局：快速套用内置的布局样式。
- 更改图表样式：为图标应用内置样式。
- 移动图表：在本工作簿中移动图表或将图表移动到其他工作簿。

在“布局”选项卡下可以进行如下操作：

- 设置所选内容格式：在“当前所选内容”组中快速定位图表元素，并设置所选内容格式。
- 插入图片、形状、文本框：在图表中直接插入图片、形状样式或文本框等图形工具。
- 编辑图表标签元素：添加或修改图表标题、坐标轴标题、图例、数据标签和数据表。

• 设置坐标轴与网格线：显示或隐藏主要横坐标轴与主要纵坐标轴；显示或隐藏网格线。

• 设置图表背景：设置绘图区格式，为三维图表设置背景墙、基底或旋转格式。

• 图表分析：添加趋势线、误差线等分析图表。

在“格式”选项卡下可以进行如下操作：

• 设置所选内容格式：在“当前所选内容”组中快速定位图表元素，并设置所选内容格式。

• 编辑形状样式：套用快速样式，设置形状填充、形状轮廓以及形状效果。

• 插入艺术字：快速套用艺术字样式，设置艺术字颜色、外边框或艺术效果。

• 排列图标：排列图标元素对齐方式等。

• 设置图表大小：设置图表的宽度与高度、裁剪图表。

（2）为前例的图表添加图表标题为“公司员工工资表”，X 轴标题为“员工工资”，Y 轴标题为“元”。效果如图 8-3 所示。

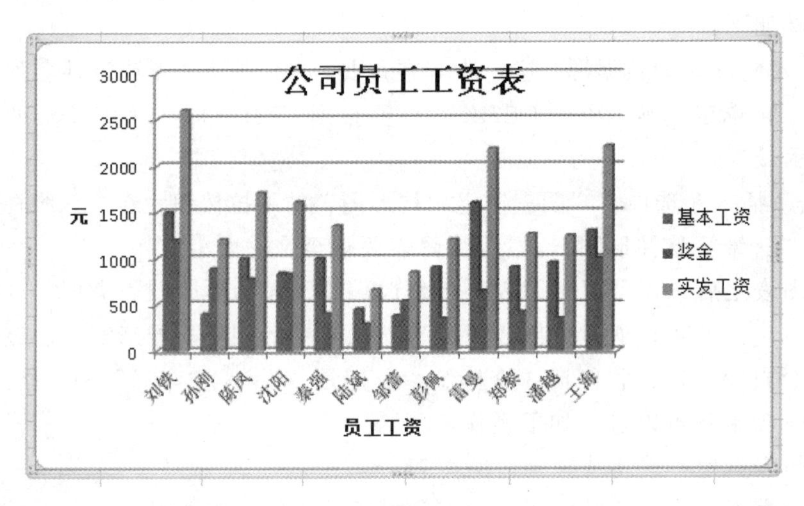

图 8-3 编辑图表

操作步骤如下：

① 选定图表，在“图表工具”选项卡“布局”标签“标签”组单击“图表标题”按钮，在下拉列表中选择“居中覆盖标题”，此时图表上方添加了图表标题文本框，在其中输入“公司员工工资表”。

② 然后单击“标签”组“坐标轴标题”按钮，指向其中的“主要横坐标轴标题”，选择“坐标轴下方标题”命令，在出现的“坐标轴”标题文本框中输入“员工工资”。

③ 继续单击“标签”组“坐标轴标题”按钮，指向其中的“主要纵坐标轴标题”，选择“竖排标题”命令，在出现的“坐标轴”标题文本框中输入“元”。

④ 格式化图表。生成一个图表后，为了获得更理想的显示效果，可以对图表的各个对象进行格式化。这可以通过“图表工具”选项卡“格式”标签中相应的命令按钮来完成。也可以双击要进行格式设置的图表对象，在打开的格式对话框中进行设置。

（3）将前例中的三维簇状柱形图的图表标题“公司员工工资表”设置一个喜欢的快速样式，改变绘图区的背景为“白色大理石”。其效果如图 8-4 所示。

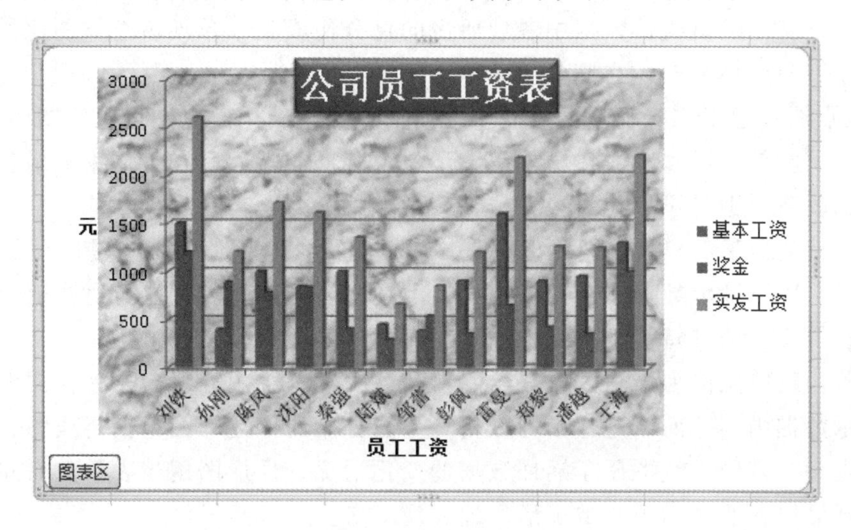

图 8-4 格式化图表

操作步骤如下：

① 选定图表标题，单击“图表工具”选项卡“格式”标签，在“形状样式”组中的快速形状样式库中选择最后一排中的形状样式“强烈效果-紫色，强调颜色 4”。

② 将鼠标移至绘图区（鼠标在图表对象中移动时旁边会提示该对象名称），双击打开“设置绘图区格式”对话框，在“填充”标签中选中“图片或纹理填充”，然后单击“纹理”框右边的下拉按钮，在出现的列表中选择“白色大理石”，然后单击“关闭”按钮。

8.4 实验总结

在 Excel 2010 中可以快速简便地创建图表，只需要选择源数据，然后单击“插入”选项卡“图表”组中对应图表类型的下拉按钮，在下拉列表中选择具体的类型即可。

Excel 能够将电子表格中的数据转换成各种类型的统计图表，更直观地揭示数据之间的关系，反映数据的变化规律和发展趋势，使我们能一目了然地进行数据分析。当工作表中的数据发生变化时，图形会相应改变，不需要重新绘制。

Excel 2010 提供了 11 种图表类型，每一类又有若干种子类型，并且有很多二维和三维图表类型可供选。常用的图表类型有：

柱形图：用于显示一段时间内数据变化或各项之间的比较情况。它简单易用，是最受欢迎的图表形式。

条形图：可以看作是横着的柱形图，是用来描绘各个项目之间数据差别情况的一种图表，它强调的是在特定的时间点上进行分类和数值的比较。

折线图：是将同一数据系列的数据点在图中用直线连接起来，以等间隔显示数据的变化趋势。

面积图：用于显示某个时间阶段总数与数据系列的关系，又称为面积形式的折线图。

饼图：能够反映出统计数据中各项所占的百分比或某个单项占总体的比例，使用该类图表便于查看整体与个体之间的关系。

XY 散点图：通常用于显示两个变量之间的关系，利用散点图可以绘制函数曲线。

圆环图：类似于饼图，但在中央空出了一个圆形的空间。它也用来表示各个部分与整体之间的关系，但是可以包含多个数据系列。

气泡图：类似于 XY 散点图，但它是比较成组的 3 个数值，而不是两个数值。

雷达图：用于显示数据中心点以及数据类别之间的变化趋势。可对数值无法表现的倾向分析提供良好的支持。

迷你图：以单元格为绘图区域，绘制出简约的数据小图标。由于迷你图太小，无法在图中显示数据内容，所以迷你图与表格是不能分离的。迷你图包括折线图、柱形图、盈亏 3 种类型，其中折线图用于返回数据的变化情况，柱形图用于表示数据间的对比情况，盈亏则可以将业绩的盈亏情况形象地表现出来。

通过本实验，可以提高利用 Excel 2010 创建图表、编辑图表、格式化图表等方面的能力。

实验 9　Excel 数据管理

9.1　实验目的

（1）掌握建立数据清单的方法；
（2）掌握数据排序和筛选的方法；
（3）掌握数据分类汇总的方法；
（4）掌握数据透视表的操作方法。

9.2　实验要求

（1）建立工资表数据清单；
（2）对工资表进行简单排序和复杂排序；
（3）对工资表进行自动筛选和高级筛选；
（4）对工资表进行简单汇总和嵌套汇总；
（5）创建数据透视表。

9.3　实验内容及操作步骤

9.3.1　建立数据清单

如果要使用 Excel 的数据管理功能，首先必须将电子表格创建为数据清单。数据清单又称为数据列表，是由 Excel 工作表中单元格构成的矩形区域，即一张二维表。数据清单是一种特殊的表格，必须包括两部分——表结构和表记录。表结构是数据清单中的第一行，即列标题（又叫字段名），Excel 将利用这些字段名对数据进行查找、排序以及筛选等操作。表记录则是 Excel 实施管理功能的对象，该部分不允许有非法数据内容出现。要正确创建数据清单，应遵循以下准则：

（1）避免在一张工作表中建立多个数据清单，如果在工作表中还有其他数据，要在它们与数据清单之间留出空行、空列。

（2）通常在数据清单的第一行创建字段名。字段名必须唯一，且每一字段的数据类型必须相同，如字段名是“部门”，则该列存放的必须全部是部门名称。

（3）数据清单中不能有完全相同的两行记录。

9.3.2 数据排序

在实际应用中，为了方便查找和使用数据，用户通常按一定顺序对数据清单进行重新排列。其中数值按大小排序，时间按先后排序，英文字母按字母顺序（默认不区分大小写）排序，汉字按拼音首字母排序或笔画排序。

用来排序的字段称为关键字。排序方式分升序（递增）和降序（递减），排序方向有按行排序和按列排序，此外，还可以采用自定义排序。

数据排序有两种：简单排序和复杂排序。

1. 简单排序

简单排序是指对 1 个关键字（单一字段）进行升序或降序排列。可以单击“数据”选项卡“排序和筛选”组中的“升序排序”按钮 、“降序排序”按钮 快速实现，也可以通过“排序”按钮 打开“排序”对话框进行操作。

2. 复杂排序

复杂排序是指对 1 个以上关键字（多个字段）进行升序或降序排列。当排序的字段值相同时，可按另一个关键字继续排序，最多可以设置 3 个排序关键字。这必须通过单击“数据”选项卡“排序和筛选”组中的“排序”按钮来实现。

【例 9-1】 对公司员工工资表排序，按主要关键字“部门”升序排列；部门相同时，按次要关键字“基本工资”降序排列；部门和基本工资都相同时，按第三关键字“奖金”降序排列。排序结果如图 9-1 所示。

	A	B	C	D	E	F	G	H
1	公司员工工资表							
2	姓名	部门	职务	出生年月	基本工资	奖金	扣款额	实发工资
3	秦强	财务部	会计	1967年6月3日	1000	400	48.5	¥ 1,351.50
4	潘越	财务部	会计	1975年9月28日	950	350	53.5	¥ 1,246.50
5	陆斌	财务部	出纳	1972年9月3日	450	290	78	¥ 662.00
6	雷曼	技术部	工程师	1966年8月23日	1600	650	66	¥ 2,184.00
7	郑黎	技术部	技术员	1971年3月12日	900	420	56	¥ 1,264.00
8	彭佩	技术部	技术员	1976年7月9日	900	350	45.5	¥ 1,204.50
9	邹蕾	技术部	技术员	1974年10月3日	380	540	69	¥ 851.00
10	刘铁	销售部	业务员	1970年7月2日	1500	1200	98	¥ 2,602.00
11	王海	销售部	业务员	1972年10月12日	1300	1000	88	¥ 2,212.00
12	陈凤	销售部	业务员	1965年4月25日	1000	780	66.5	¥ 1,713.50
13	沈阳	销售部	业务员	1976年7月23日	840	830	58	¥ 1,612.00
14	孙刚	销售部	业务员	1972年12月23日	400	890	86.5	¥ 1,203.50
15	平均值				935	641.6667	67.79167	¥ 1,508.88

图 9-1 复杂排序结果

操作步骤如下：

（1）建立工资表数据清单。在前例中的工作表中选定数据区域 A2:H14，在右键快捷菜单中选择“复制”，然后新建一个工作簿，选中工作表 sheet1 中 A1 单元格，在右键快捷菜单中单击“选择性粘贴”命令，在弹出的对话框“粘贴”区中选择“数值”，单击“确定”，创建好数据清单。注意其中的日期数据需要处理，方法是：选择 d 列，单击“开始”

选项卡“数字”组中的“数字格式”下拉列表框，在其中选择“长日期”。

（2）选择数据清单中任意单元格，单击“数据”选项卡“排序和筛选”组中的“排序”按钮，打开“排序”对话框，选择“主要关键字”为“部门”，排序依据为“数值”，次序为“升序”；单击“添加条件”按钮，选择“次要关键字”为“基本工资”，排序依据为“数值”，次序为“降序”；再单击“添加条件”按钮，选择“次要关键字”为“奖金”，排序依据为“数值”，次序为“降序”，如图 9-2 所示。在该对话框中，“数据包含标题”复选框是为了避免字段名也成为排序对象；“选项”按钮用来打开“排序选项”对话框，进行一些与排序相关的设置，比如按自定义次序排序、排列字母时区分大小写、改变排序方向（按行）或汉字按笔画排序等。

图 9-2　“排序”对话框设置

9.3.3　数据筛选

当数据列表中记录非常多，用户只对其中一部分数据感兴趣时，可以使用 Excel 的数据筛选功能将不感兴趣的记录暂时隐藏起来，只显示感兴趣的数据；当筛选条件被清除时，隐藏的数据又恢复显示。

数据筛选有两种：自动筛选和高级筛选。自动筛选可以实现单个字段筛选以及多字段筛选的“逻辑与”关系（即同时满足多个条件），操作简便，能满足大部分应用需求；高级筛选能实现多字段筛选的“逻辑或”关系，较复杂，需要在数据清单以外建立一个条件区域。

1. 自动筛选

通过“数据”选项卡“排序和筛选”组中的“筛选”按钮来实现。在所需筛选的字段名下拉列表中选择符合的条件，若没有，则指向“文本筛选”或“数字筛选”中的“自定义筛选”输入条件。如果要使数据恢复显示，单击“排序和筛选”组中的“清除按钮”图标。如果要取消自动筛选功能，再次单击“筛选”按钮。

【例 9-2】 在公司员工工资表中筛选出销售部基本工资大于等于 1000，奖金大于等于 1000 的记录。其效果如图 9-3 所示。

	A	B	C	D	E	F	G	H
1	姓名	部门	职务	出生年月	基本工资	奖金	扣款额	实发工资
9	刘铁	销售部	业务员	1970年7月2日	1500	1200	98	¥ 2,602.00
13	王海	销售部	业务员	1972年10月12日	1300	1000	88	¥ 2,212.00

图 9-3 自动筛选结果

操作步骤如下：

（1）选择数据清单中任意单元格。

（2）单击“数据”选项卡“排序和筛选”组中的“筛选”按钮，在各个字段名的右边会出现筛选箭头，单击“部门”列的筛选箭头，在下拉列表中仅选择“销售部”，筛选结果只显示销售部的员工记录。

（3）再单击“基本工资”列的筛选箭头，在下拉列表中指向“数字筛选”，然后单击其中的“大于或等于...”命令，打开“自定义自动筛选方式”对话框，在列表框“大于或等于”右边的值列表框中输入 1000，如图 9-4 所示。筛选结果只显示销售部的员工基本工资大于等于 1000 的记录。

（4）继续单击“奖金”列的筛选箭头，其操作与“基本工资”列的筛选操作相同。

图 9-4 “自定义自动筛选方式”对话框设置

2. 高级筛选

当筛选的条件较为复杂或出现多字段间的“逻辑或”关系时，使用“数据”选项卡“排序和筛选”组中的“高级”按钮更为方便。

在进行高级筛选时，不会出现自动筛选下拉箭头，而是需要在条件区域输入条件。条件区域应建立在数据清单以外，用空行或空列与数据清单分隔。输入筛选条件时，首行输入条件字段名，从第 2 行起输入筛选条件，输入在同一行上的条件关系为“逻辑与”，输入在不同行上的条件关系是“逻辑或”，然后单击“数据”选项卡“排序和筛选”组中的“高级”按钮，在其对话框内进行数据区域和条件区域的选择，筛选的结果可以在原数据清单位置显示，也可以在数据清单以外的位置显示。

【例 9-3】在公司员工工资表中筛选销售部基本工资高于 1000 或财务部基本工资低于 1000 的记录，并将筛选结果在原有区域显示。结果如图 9-5 所示。

	A	B	C	D	E	F	G	H
1	姓名	部门	职务	出生年月	基本工资	奖金	扣款额	实发工资
3	陆斌	财务部	出纳	1972年9月3日	450	290	78	¥ 662.00
4	潘越	财务部	会计	1975年9月28日	950	350	53.5	¥ 1,246.50
9	刘铁	销售部	业务员	1970年7月2日	1500	1200	98	¥ 2,602.00
13	王海	销售部	业务员	1972年10月12日	1300	1000	88	¥ 2,212.00

图 9-5 高级筛选结果

操作步骤如下：

（1）建立条件区域：在数据清单以外选择一个空白区域，在首行输入字段名：部门、基本工资；在第 2 行对应字段下面输入条件：销售部、>1000；在第 3 行对应字段下面输入条件：财务部<1000。如图 9-6 所示。

	A	B	C	D	E	F	G	H
1	姓名	部门	职务	出生年月	基本工资	奖金	扣款额	实发工资
2	刘铁	销售部	业务员	1970年7月2日	1500	1200	98	2602
3	孙刚	销售部	业务员	1972年12月23日	400	890	86.5	1203.5
4	陈凤	销售部	业务员	1965年4月25日	1000	780	66.5	1713.5
5	沈阳	销售部	业务员	1976年7月23日	840	830	58	1612
6	秦强	财务部	会计	1967年6月3日	1000	400	48.5	1351.5
7	陆斌	财务部	出纳	1972年9月3日	450	290	78	662
8	邹蕾	技术部	技术员	1974年10月3日	380	540	69	851
9	彭佩	技术部	技术员	1976年7月9日	900	350	45.5	1204.5
10	雷曼	技术部	工程师	1966年8月23日	1600	650	66	2184
11	郑黎	技术部	技术员	1971年3月12日	900	420	56	1264
12	潘越	财务部	会计	1975年9月28日	950	350	53.5	1246.5
13	王海	销售部	业务员	1972年10月12日	1300	1000	88	2212
14								
15	部门	基本工资						
16	销售部	>1000						
17	财务部	<1000						

条件区域

图 9-6 建立条件区域

（2）选择数据清单中任意单元格，单击“数据”选项卡“排序和筛选”组中的“高级”按钮，打开“高级筛选”对话框，先确认“在原有区域显示筛选结果”为选中状态，以及给出的列表区域是否正确，如果不正确，可以单击“列表区域”框右侧的“折叠对话框”按钮，用鼠标在工作表中重新选择后单击按钮返回；然后单击“条件区域”文本框右侧的“折叠对话框”按钮，用鼠标在工作表中选择条件区域后单击按钮返回。“高级筛选”对话框设置如图 9-7 所示。

图 9-7 “高级筛选”对话框设置

9.3.4 分类汇总

实际应用中经常用到分类汇总，像仓库的库存管理经常要统计各类产品的库存总量，商店的销售管理经常要统计各类商品的售出总量等。它们的共同特点是首先要进行分类（排序），将同类别数据放在一起，然后再进行数量求和之类的汇总运算。Excel 提供了分类汇总功能。

分类汇总就是对数据清单按某个字段进行分类（排序），将字段值相同的连续记录作为一类，进行求和、求平均、计数等汇总运算。针对同一个分类字段，可进行多种方式的汇总。

需要注意的是，在分类汇总前，必须对分类字段排序，否则将得不到正确的分类汇总结果；其次，在分类汇总时要清楚对哪个字段分类，对哪些字段汇总以及汇总的方式，这些都需要在“分类汇总”对话框中逐一设置。

分类汇总有两种：简单汇总和嵌套汇总。

1. 简单汇总

简单汇总是指对数据清单的一个或多个字段仅做一种方式的汇总。

【例 9-4】 在公司员工工资表中，求各部门基本工资、实发工资和奖金的平均值。汇总结果如图 9-8 所示。

根据分类汇总要求，实际是对“部门”字段分类，对“基本工资”“奖金”和“实发工资”进行汇总，汇总方式是求平均值。

操作步骤如下：

（1）选择第 B 列（“部门”数据），单击“数据”选项卡“排序和筛选”组中“升序”按钮，对“部门”升序排序。

（2）选择数据清单中任一单元格，单击“数据”选项卡“分级显示”组“分类汇总”按钮，打开“分类汇总”对话框。选择“分类字段”为“部门”，“汇总方式”为“平均值”，“选定汇总项”（即汇总字段）为“基本工资”“奖金”和“实发工资”，并清除其余默认汇总项，其设置如图 9-9 所示。在该对话框中，“替换当前分类汇总”的含义是：用此次分类汇总的结果替换已存在的分类汇总结果。

	A	B	C	D	E	F	G	H
1	姓名	部门	职务	出生年月	基本工资	奖金	扣款额	实发工资
2	秦强	财务部	会计	1967年6月3日	1000	400	48.5	1351.5
3	陆斌	财务部	出纳	1972年9月3日	450	290	78	662
4	潘越	财务部	会计	1975年9月28日	950	350	53.5	1246.5
5		**财务部 平均值**			800	346.6667		1086.667
6	邹蕾	技术部	技术员	1974年10月3日	380	540	69	851
7	彭佩	技术部	技术员	1976年7月9日	900	350	45.5	1204.5
8	雷曼	技术部	工程师	1966年8月23日	1600	650	66	2184
9	郑黎	技术部	技术员	1971年3月12日	900	420	56	1264
10		**技术部 平均值**			945	490		1375.875
11	刘铁	销售部	业务员	1970年7月2日	1500	1200	98	2602
12	孙刚	销售部	业务员	1972年12月23日	400	890	86.5	1203.5
13	陈凤	销售部	业务员	1965年4月25日	1000	780	66.5	1713.5
14	沈阳	销售部	业务员	1976年7月23日	840	830	58	1612
15	王海	销售部	业务员	1972年10月12日	1300	1000	88	2212
16		**销售部 平均值**			1008	940		1868.6
17		**总计平均值**			935	641.6667		1508.875

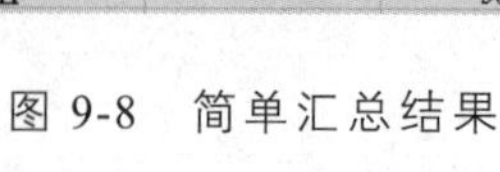

图 9-8 简单汇总结果

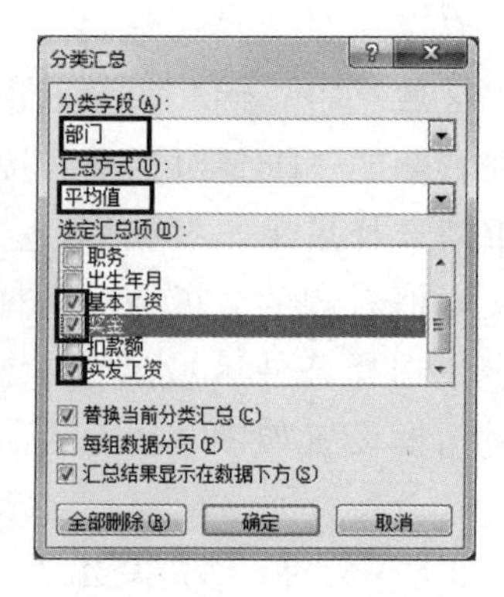

图 9-9 简单“分类汇总”对话框设置

分类汇总后，默认情况下，数据会分 3 级显示，可以单击分级显示区上方的“1”“2”“3”这 3 个按钮控制，单击“1”按钮，只显示清单中的列标题和总计结果；单击“2”

按钮，显示各个分类汇总结果和总计结果；单击“3”按钮，显示全部详细数据。

2. 嵌套汇总

嵌套汇总是指对同一字段进行多种不同方式的汇总。

【例 9-5】 在例 9-4 求各部门基本工资、实发工资和奖金的平均值的基础上再统计各部门人数。汇总结果如图 9-10 所示。

这需要分两次进行分类汇总。先按上例的方法求平均值，再在平均值汇总的基础上计数。

操作步骤如下：

（1）先按例 9-4 的方法进行平均值汇总。

（2）再在平均值汇总的基础上统计各部门人数。统计人数“分类汇总”对话框的设置如图 9-11 所示，需要注意的是“替换当前分类汇总”复选框不能选中。

若要取消分类汇总，在“分类汇总”对话框中单击“全部删除”按钮即可。

	A	B	C	D	E	F	G	H
1	姓名	部门	职务	出生年月	基本工资	奖金	扣款额	实发工资
2	秦强	财务部	会计	1967年6月3日	1000	400	48.5	1351.5
3	陆斌	财务部	出纳	1972年9月3日	450	290	78	662
4	潘越	财务部	会计	1975年9月28日	950	350	53.5	1246.5
5		**财务部 计数**			3	3		3
6		**财务部 平均值**			800	346.6667		1086.667
7	邹蕾	技术部	技术员	1974年10月3日	380	540	69	851
8	彭佩	技术部	技术员	1976年7月9日	900	350	45.5	1204.5
9	雷曼	技术部	工程师	1966年8月23日	1600	650	66	2184
10	郑黎	技术部	技术员	1971年3月12日	900	420	56	1264
11		**技术部 计数**			4	4		4
12		**技术部 平均值**			945	490		1375.875
13	刘铁	销售部	业务员	1970年7月2日	1500	1200	98	2602
14	孙刚	销售部	业务员	1972年12月23日	400	890	86.5	1203.5
15	陈凤	销售部	业务员	1965年4月25日	1000	780	66.5	1713.5
16	沈阳	销售部	业务员	1976年7月23日	840	830	58	1612
17	王海	销售部	业务员	1972年10月12日	1300	1000	88	2212
18		**销售部 计数**			5	5		5
19		**销售部 平均值**			1008	940		1868.6
20		**总计数**			12	12		12
21		**总计平均值**			935	641.6667		1508.875

图 9-10　嵌套汇总结果

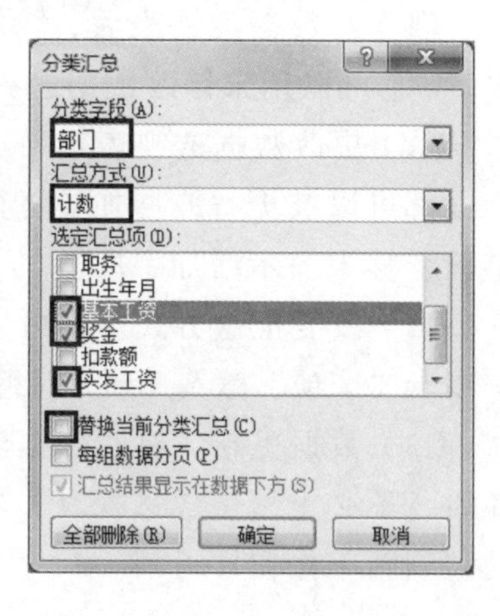

图 9-11　嵌套“分类汇总”对话框设置

9.3.5 数据透视表

分类汇总适合按一个字段进行分类，对一个或多个字段进行汇总。如果要对多个字段进行分类并汇总，就需要利用数据透视表这个有力的工具来解决问题。

【例 9-6】 在公司员工工资表中，统计各部门各职务的人数。其结果如图 9-12 所示。

本例既要按“部门”分类，又要按“职务”分类，这时候需要使用数据透视表。

	A	B	C	D	E	F	G
1							
2							
3	**计数项:部门**	**列标签**					
4	**行标签**	**出纳**	**工程师**	**会计**	**技术员**	**业务员**	**总计**
5	财务部	1		2			3
6	技术部		1		3		4
7	销售部					5	5
8	**总计**	**1**	**1**	**2**	**3**	**5**	**12**

图 9-12　数据透视表统计结果

操作步骤如下：

（1）选择数据清单中任意单元格。

（2）单击“插入”选项卡“表格”组中的“数据透视表”的下拉按钮，选择“数据透视表”命令，打开“创建数据透视表”对话框，确认选择要分析的数据的范围（如果系统给出的区域选择不正确，用户可用鼠标自己选择区域）以及数据透视表的放置位置（可以放在新建表中，也可以放在现有工作表中）。然后单击“确定”按钮。此时出现“数据透视表字段列表”窗格，把要分类的字段拖入行标签、列标签位置，使之成为透视表的行、列标题，要汇总的字段拖入Σ数值区，本例“部门”作为行标签，“职务”作为列标签，统计的数据项也是“职务”，如图 9-13 所示。默认情况下，数据项如果是非数字型字段则对其计数，否则求和。

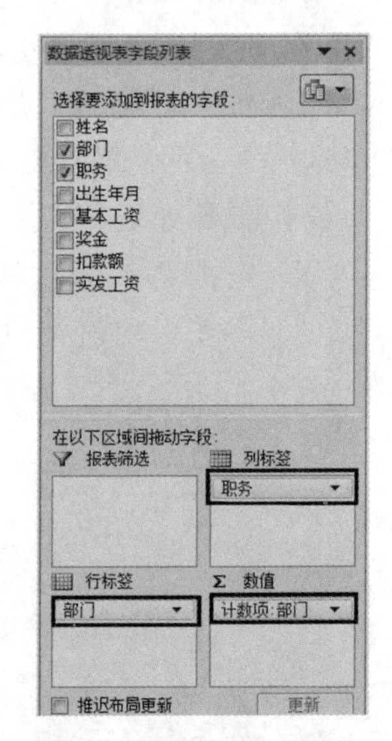

图 9-13 “数据透视表字段列表”窗格

创建好数据透视表后，“数据透视表工具”选项卡会自动出现，它可以用来修改数据透视表。数据透视表的修改主要有：

（1）更改数据透视表布局。透视表结构中，行、列、数据字段都可以被更替或增加。将行、列、数据字段移出表示删除字段，移入表示增加字段。

（2）改变汇总方式。这可以通过单击“数据透视表工具”选项卡“选项”标签“计算”组中的“按值汇总”按钮来实现。

（3）数据更新。有时数据清单中数据发生了变化，但数据透视表并没有随之变化。此时，不必重新生成透视表，单击“数据透视表工具”选项卡“选项”标签“数据”组的“刷新”按钮即可。

9.4 实验总结

通过本实验，可以学习利用 Excel 2010 对数据进行管理，提高利用 Excel 2010 对数据进行处理、管理等方面的能力。

实验 10　PowerPoint 2010 幻灯片制作

10.1　实验目的

（1）掌握 PowerPoint 文件的建立、保存与打开；
（2）掌握文本基本编辑；
（3）掌握幻灯片的修饰；
（4）掌握幻灯片动画设计；
（5）掌握幻灯片的高级应用。

10.2　实验要求

（1）掌握 PowerPoint 的基本操作；
（2）掌握 PowerPoint 的动画操作。

10.3　实验内容

（1）PowerPoint 的创建、插入文字、插入图片、版式设计、背景设计、插入对象操作。

（2）PowerPoint 母版设计、动画效果设计。

10.4　实验步骤

10.4.1　创建自我介绍演示文稿

（1）打开 PowerPoint 2010 新建一个演示文稿文件。

（2）在第一张幻灯片的主标题占位符中输入“自我介绍”，字体设置为“华文新魏”，字号设置为“66”，字形为“加粗”。设置副标题水平位置为“6.26 厘米”。在副标题占位符中输入“——创作于 2014 年”，设置西文字体为“Times New Roman”，对齐方式为“右对齐”，字体颜色设置为“蓝色”，如图 10-1 所示。

（3）设置幻灯片的宽度为“25.4”，高度为“19.05”，方向为“横向”。

（4）设置幻灯片主题为“夏至”。

（5）插入一张版式为“标题和内容”的新幻灯片，设置标题为“我的基本情况”，根据学生自身情况在文本占位符中编辑基本情况，字体设置为“方正舒体”，字号设置为“34”，如图 10-2 所示。

图 10-1 幻灯片首页

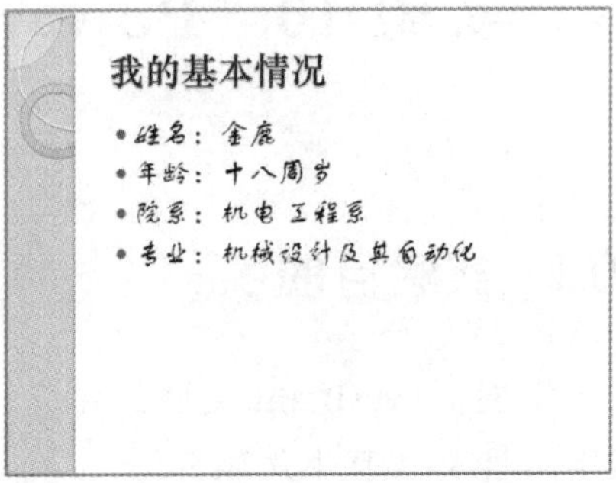

我的基本情况
• 姓名：金鹿
• 年龄：十八周岁
• 院系：机电工程系
• 专业：机械设计及其自动化

图 10-2 第 2 张幻灯片“我的基本情况”

（6）依次插入第 3 张幻灯片，设置标题为“我的爱好”，插入第 4 张幻灯片的标题为“我的家人”，版式均为“标题和内容”，根据学生自身情况编辑相应的内容，格式与第 2 张幻灯片相同，如图 10-3 所示为第 3 张幻灯片内容。

（7）设置第 4 张幻灯片的背景为渐变填充，其中停止点 1 是自定义颜色 RGB（250，180，80）、停止点 2 是自定义颜色 RGB（51，51，204），将类型设置为“射线”，方向设置为中心辐射。如图 10-4 所示。

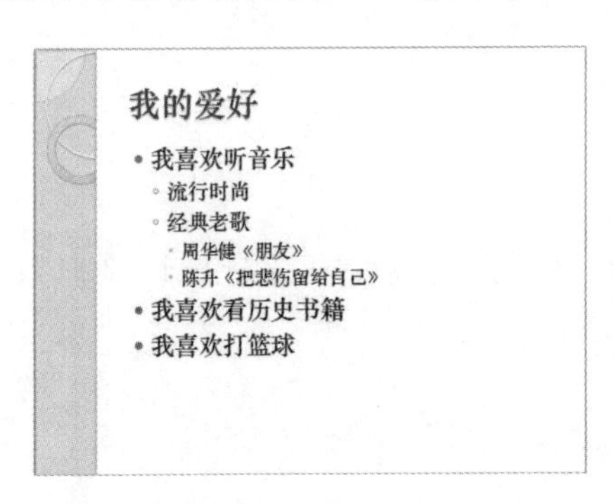

图 10-3 第 3 张幻灯片“我的爱好”

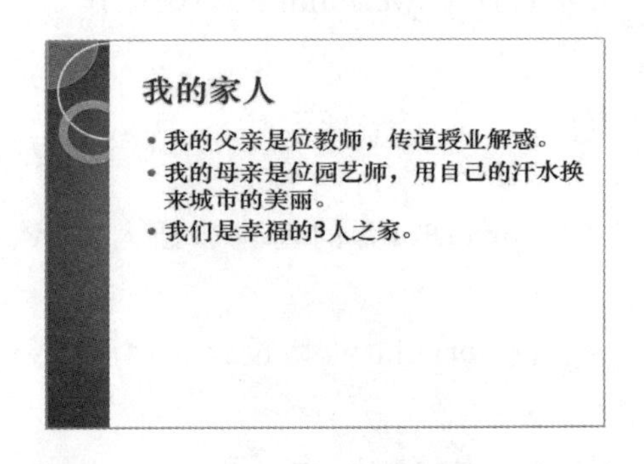

图 10-4 第 4 张幻灯片“我的家人”

（8）在指定的文件夹下保存演示文稿文件，并将其命名为“自我介绍 01.pptx”后关闭文件。

10.4.2 向幻灯片中插入对象

（1）找到并打开“自我介绍 01.pptx”，在第 2 张幻灯片中插入一个文本框，编辑文本框的内容为“金鹏之印”，设置字号为“40”，设置字体颜色为“RGB（255，0，0）”，线条颜色为“红色”，粗细为“3 磅”，旋转角度为“336”，摆放位置如图 10-5 所示。

（2）设置第 3 张幻灯片中文本占位符的宽度为“17.23 厘米”，再插入一张图片“打篮球”，设置图片高度宽度分别是“9.11 厘米”和“234 磅”。

（3）在第 4 张幻灯片中插入艺术字。艺术字样式为“渐变填充-靛蓝，强调文字颜色 6，内部阴影”，文字内容为“家和万事兴!”，字体为“华文行楷”、字号为“54”，阴影样式为“右上对角透视”。

（4）插入指定文件夹下的图片，将图片中的空白部分“剪裁”掉，设置图片大小为原大小的“60%”，如图 10-6 所示。

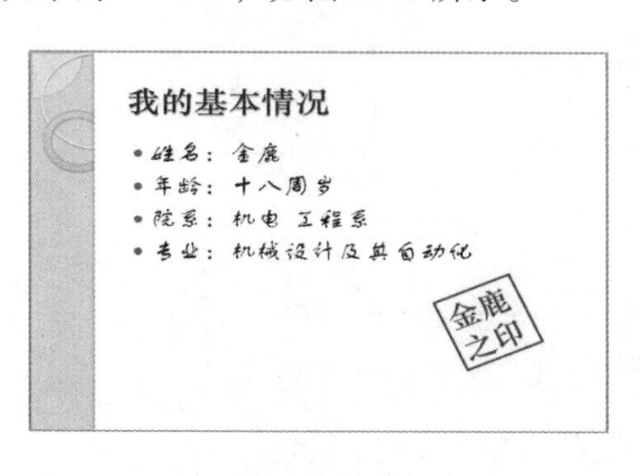

图 10-5 插入文本框后的第 2 张幻灯片

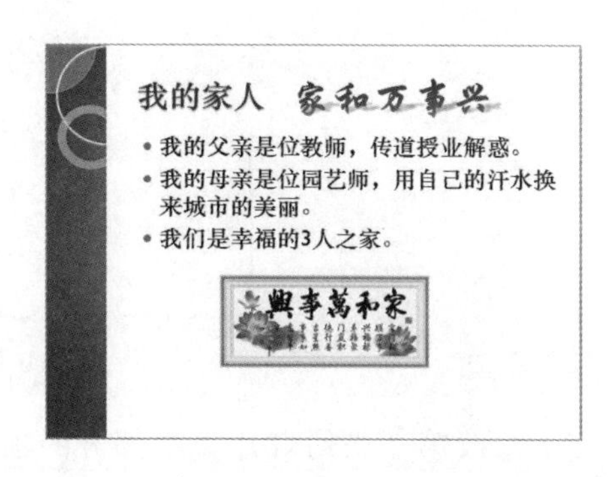

图 10-6 插入艺术字和图片的第 4 张幻灯片

（5）在第 4 张幻灯片之后插入第 5 张幻灯片，幻灯片版式为“只有标题”，设置标题为“我的班级”。

（6）插入组织结构图以及自选图形，如图 10-7 所示。

（7）将第 5 张幻灯片调整到第 2 张幻灯片之后。复制第 3 张幻灯片“我的班级”并将其粘贴到最后，修改第 6 张幻灯片的标题为“我的成绩”，删除组织结构图和自选图形。

（8）插入表格，录入高数、英语和计算机三门课程的成绩，并依据表格生成图表，内容如图 10-8 所示。

（9）在指定的文件夹下将演示文稿另存为“自我介绍 02.pptx”。

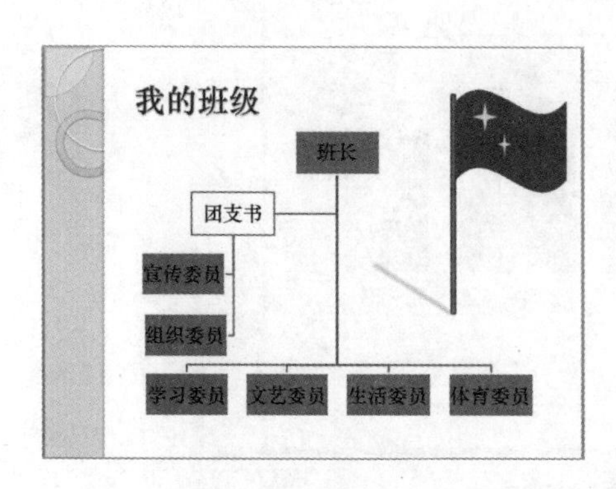

图 10-7 第 5 张幻灯片“我的班级”

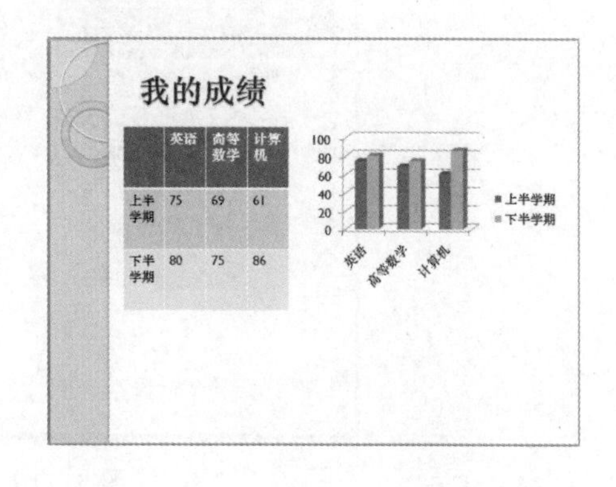

图 10-8 第 6 张幻灯片“我的成绩”

10.4.3 课件制作

（1）在演示文稿开始处插入一张“标题幻灯片”，作为演示文稿的第 1 张幻灯片，在幻灯片的标题区中键入“大学计算机基础”，字体设置为：红色（注意：请用自定义标签 RGB 模式：红色 255，绿色 0，蓝色 0），黑体，加粗，54 磅；并在副标题处键入“——PowerPoint 篇”，文字效果设置为宋体，加粗，倾斜，44 磅，右对齐，如图 10-9 所示。

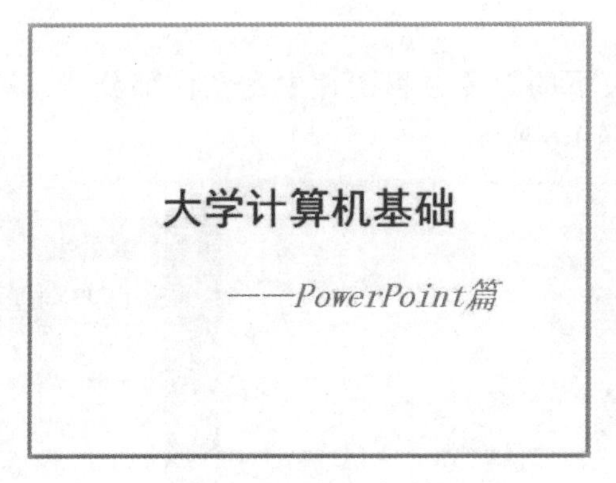

图 10-9 新幻灯片

（2）修改第 2 张幻灯片文本部分的项目符号为“➢”。

（3）复制第 2 张幻灯片作为第 3 张幻灯片。

（4）插入一张空白版式幻灯片作为第 4 张幻灯片。

（5）在第 4 张幻灯片中插入表格，表格数据和放置位置如图 10-10 所示，并以表格中的数据为数据源，创建簇状柱形图。

（6）在第 4 张幻灯片中插入水平文本框，放置位置如图 10-10 所示，输入文字“学生成绩表”，文字居中对齐。

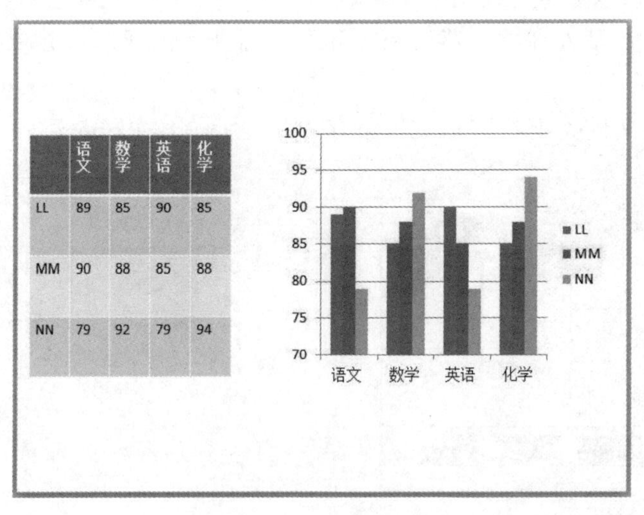

	语文	数学	英语	化学
LL	89	85	90	85
MM	90	88	85	88
NN	79	92	79	94

图 10-10 表格和图表

（7）将第 3 张幻灯片与第 4 张幻灯片交换位置。

（8）修改最后一张幻灯片的版式为“垂直排列标题与文本”。

（9）设置所有幻灯片切换方式为“自右侧旋转”。

（10）设置所有幻灯片的主题为“华丽”。

（11）设置第 2 张幻灯片的背景填充预设颜色为“宝石蓝”，方向为“线性向右”。

（12）每张幻灯片右下角同一位置添加艺术字“基础知识”，艺术字样式为“渐变填充-橙色，强调文字颜色 6，内部阴影”，文字竖排，放置位置如图 10-11 所示。

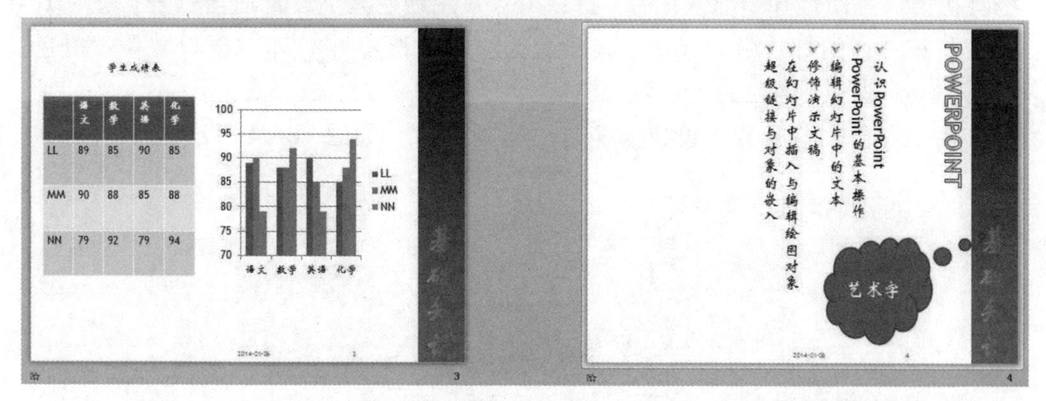

图 10-11　样文

（13）在第 4 张幻灯片上插入　标注，标注内容为“艺术字”，32 磅。

（14）设置幻灯片放映方式为“观众自行浏览（窗口）”。

10.4.4 大学学习与生活

（1）新建一张空白版式幻灯片作为第 1 张幻灯片，在其中插入艺术字“如何规划大学生活”，艺术字样式为“渐变填充-紫色，强调文字颜色 4，映像”，字体设为华文新魏，文本效果为转换“双波型 2”，调整至适当位置，如图 10-12 所示。

（2）在第 1 张幻灯片中，插入 SmartArt 图形“分离射线”，输入其中内容，如图 10-12 所示，并设置字体为“华文中宋”，加粗。更改 SmartArt 图形颜色为“彩色-强调文字颜色”，SmartArt 样式为“嵌入”，并适当调整大小。

（3）新建一张版式为“仅标题”的幻灯片作为第 2 张幻灯片。输入标题“努力学习”，并将字体设置为“华文彩云”，文本轮廓设置为“深红”。

（4）在第 2 张幻灯片中，插入一个文本框，并输入其中内容，如图 10-13 所示，并设置字号为 25 磅，1.5 倍行距，段前间距 6 磅。

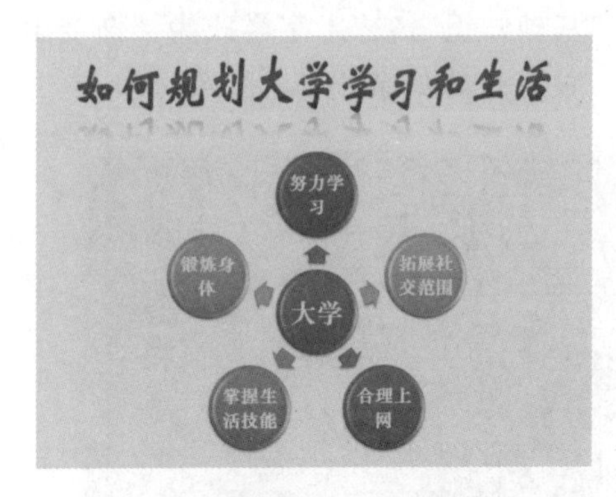

图 10-12　实例 13-2 第 1 张幻灯片

图 10-13　实例 13-2 第 2 张幻灯片

（5）第 2 张幻灯片文本框中的内容添加项目符号“❖”。

（6）在第 2 张幻灯片中插入图片“拼搏.jpg”，并调整大小放置适当位置，如图 10-13。

（7）将第 3 张幻灯片中的标题字体设置为“华文彩云”、文本轮廓设置为“橙色，强调文字颜色 6，深色 50%”。

（8）将第 3 张幻灯片背景设置为图片“运动.jpg”，如图 10-14 所示。

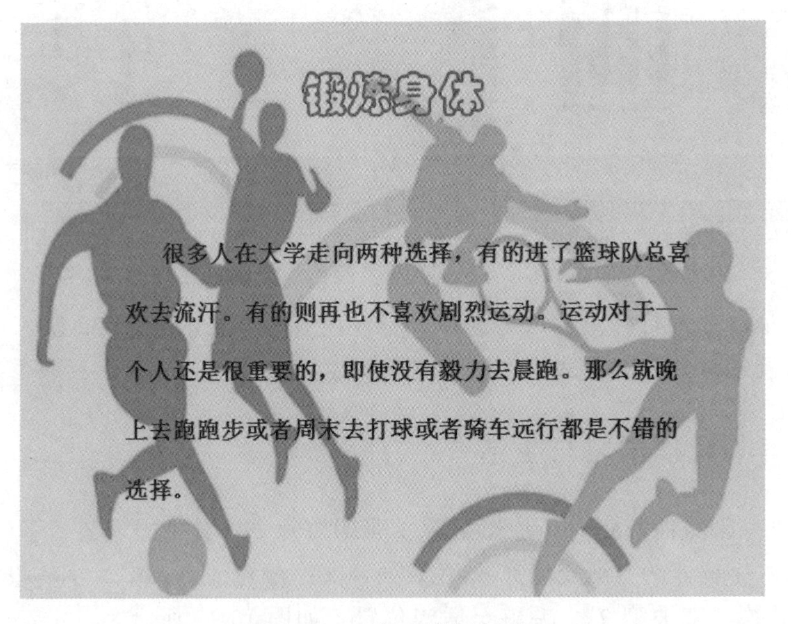

图 10-14　第 3 张幻灯片

（9）在第 4 张幻灯片中插入垂直文本框，输入其中内容，如图 10-15（a）所示，并将字体设置为“华文彩云”，文本轮廓为设置为“橄榄色，强调文字颜色 3，深色 50%”。

（10）在第 4 张幻灯片中，插入图片“握手.jpg”，并将图片置于底层，旋转 16°。调整图片至适当位置，如图 10-15（a）所示。

（11）将第 5、6 张幻灯片的主题设置为“跋涉”。

（12）新建一张空白版式幻灯片作为第 7 张幻灯片，并将幻灯片背景设置为图片“鹰.jpg”。

（13）在第 7 张幻灯片中插入一个垂直文本框，输入其中内容，并将文字设置为华文新魏、50 磅，如图 10-15（d）所示。

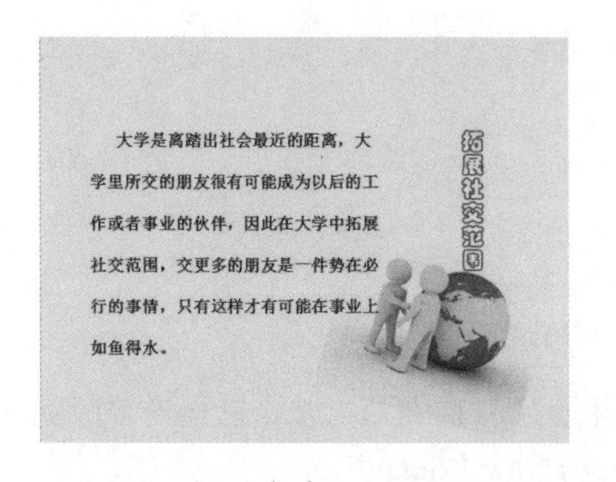

（a）

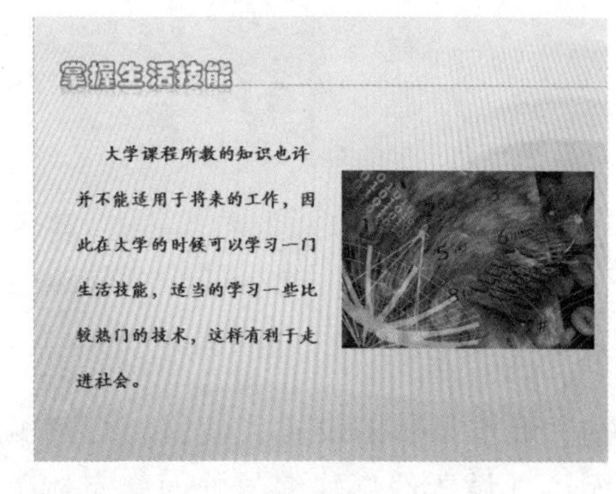

（b）

（c）

（d）

图 10-15　第 4 至 7 张幻灯片

（14）在第 7 张幻灯片中插入 6 个文本框，分别输入文字“你”“准”“备”“好”“了”“吗”，字体设置为“华文彩云”，字体颜色分别设置为“红色”“绿色”“橙色，强调文字颜色 6，深色 50%”“紫色”“橙色”“蓝色”，并适当旋转文本框，如图 10-15（d）所示。

10.4.5　幻灯片的外观设置

（1）打开“自我介绍 02.pptx”。

（2）通过页眉、页脚为除标题幻灯片外的所有幻灯片添加自动更新的日期和时间，并设置页脚为“自我介绍·学生姓名”。

（3）通过页脚添加幻灯片的编号，设置“标题幻灯片不显示”，如图 10-16 所示。

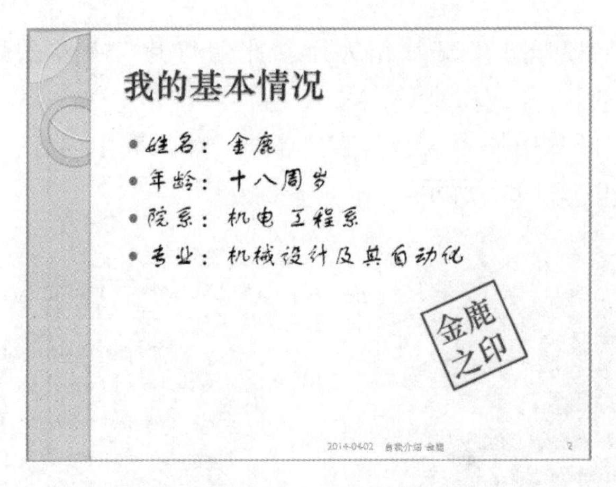

图 10-16 设置页眉、页脚的第二张幻灯片

（4）通过母版的设置，使得幻灯片编号居中显示，而在第二步中已经设置的页脚居右显示。并设置幻灯片编号的西文字体为“Times New Roman”。

（5）设置母版中文本各级项目的字体大小均为“25”，只保留母版中文本为四级符号项目，如图 10-17 所示。

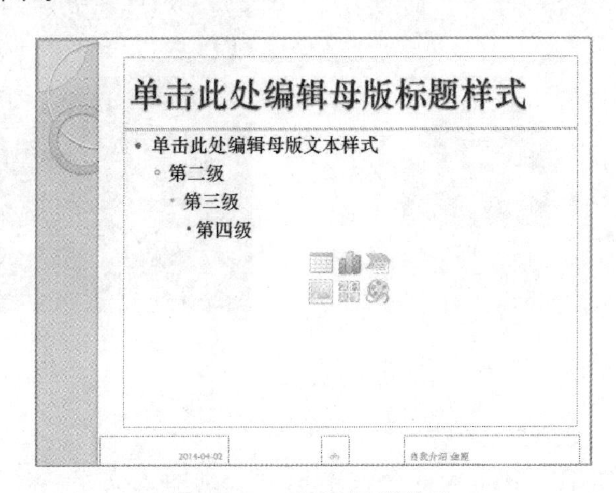

图 10-17 设置母版效果

（6）在指定的文件夹下将演示文稿文件另存为“自我介绍 04.pptx”

10.4.6 幻灯片的动画效果设置

（1）打开“自我介绍 04.pptx”。

（2）为第一张幻灯片中的标题“自我介绍”设置进入的自定义动画效果为“下拉”，动画文本为“按字母”，字母之间延迟“60%”。

（3）为第二张幻灯片中的“金鹏之印”设置进入的自定义动画效果为“翻转式由远及近”，速度为“非常快”，声音为“风声”。

（4）为第三张幻灯片插入音乐，要求在切换到该幻灯片时，就播放音乐，播放时隐藏声音图标，如图 10-18 所示。

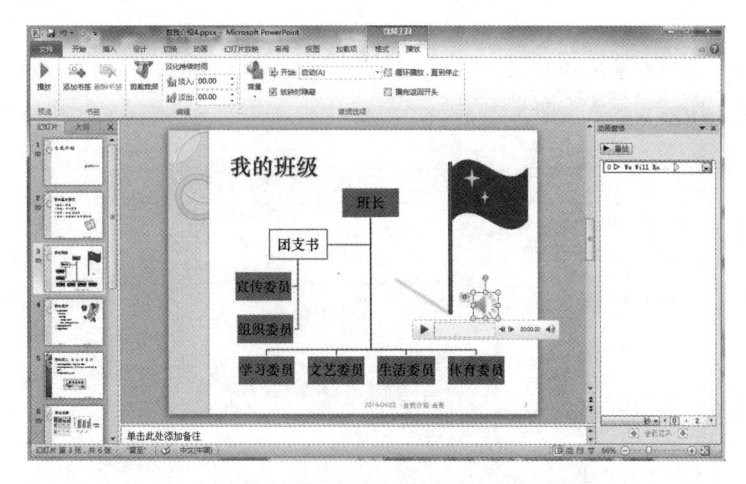

图 10-18 插入音频后的幻灯片

（5）设置第四张幻灯片中的文本的第一行的自定义动画效果中的强调动画效果为“陀螺旋”，数量为“旋转两周”，方向为“逆时针”，速度为“非常慢”。

（6）设置第二行的自定义动画效果中的进入动画效果为“挥鞭式”，开始为“延迟 3 秒”后自动出现，动画播放后为“下次单击后隐藏”，动画文本为“按字母”，字母之间延迟“20%”。

（7）在指定的文件夹下将演示文稿文件另存为“自我介绍 05.pptx”。

10.4.7 幻灯片动作设置

（1）打开“自我介绍 05.pptx”，在第二张幻灯片之前插入一张“标题和内容”版式的幻灯片。标题输入“目录”，文本部分为之后的各幻灯片的标题，如图 10-19 所示。

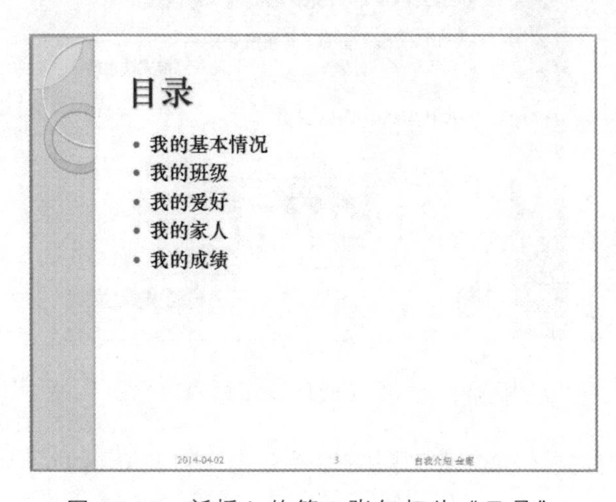

图 10-19 新插入的第二张幻灯片“目录”

（2）为每一个标题设置超链接，要求点击该超链接，能够跳转到各相应的幻灯片。如图 10-20 所示。

（3）设置每一个超链接在单击动作时的声音为“照相机”，鼠标划过时的声音为“风声”，如图 10-20 所示。

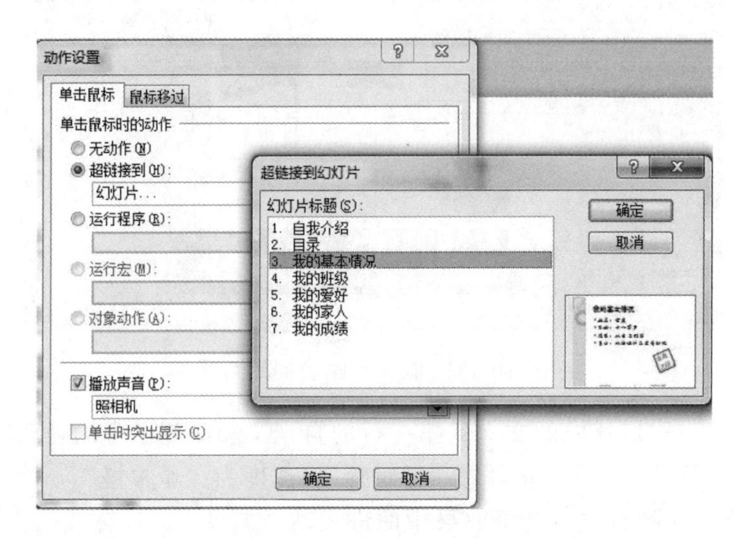

图 10-20 设置超链接

（4）在各个幻灯片中插入一动作按钮，将其置于幻灯片左下角，要求点击该按钮时，能跳转回“目录”幻灯片，并且设置鼠标划过时的声音为“微风”，如图 10-21 所示。

（5）通过母版设置除第一张幻灯片之外的所有幻灯片的右下角都具有“开始”“后退或前一项”“前进或后一项”和“结束”4 个按钮，如图 10-21 所示。

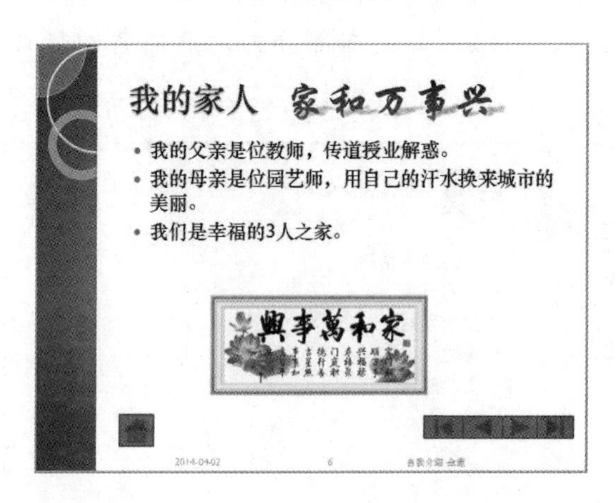

图 10-21 添加动作按钮后的效果图

（6）在指定的文件夹下将演示文稿文件另存为“自我介绍 06.pptx”。

10.4.8　诗词欣赏

（1）插入一张空白版式的幻灯片作为一张幻灯片。

（2）插入艺术字“诗词欣赏”，艺术字样式为“填充-红色，强调文字颜色 2，粗糙棱台”，并设艺术字文本效果为“上弯弧”，如图 10-22（a）所示。

（a）

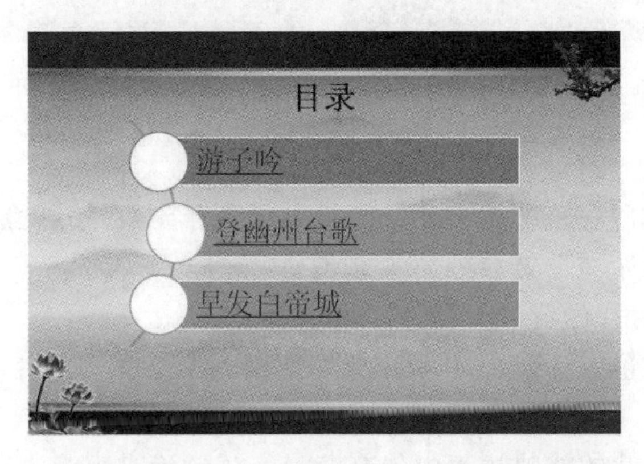

（b）

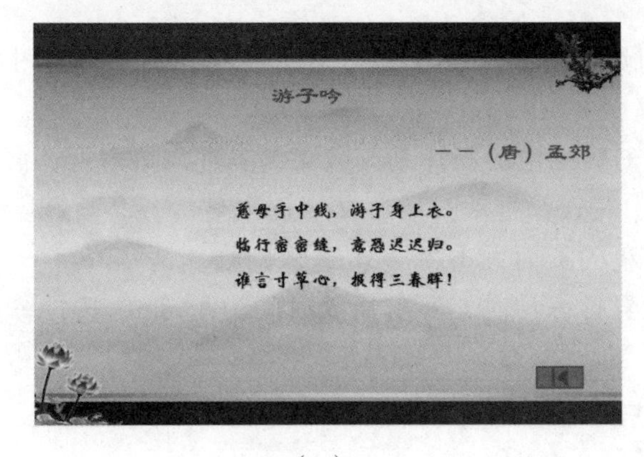

（c）

图 10-22　样文 1

（3）在第 2 张幻灯片中插入 SmartArt 图形“垂直曲形列表”，输入如图 10-22（b）所示文字。更改 SmartArt 图形颜色为“彩色范围-强调文字颜色 5 至 6”。

（4）在第 5 张幻灯片中插入图片“山水.jpg”，并调整图片大小。

（5）在第 5 张幻灯片中插入垂直文本框，输入如图 10-23（b）所示的内容。

（6）将第 3、4、5 张幻灯片中的标题设置为隶书，蓝色，强调文字颜色 1，深色 25%，32 磅，加粗，双倍行距；文本部分设置为华文新魏，26 磅，加粗，居中，1.5 倍行距。

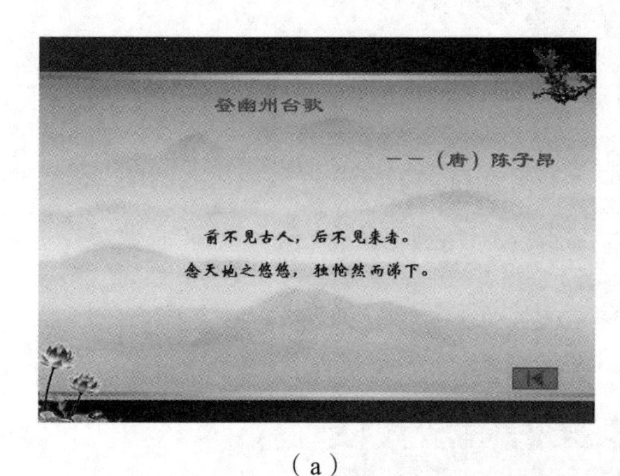

（a）

（b）

图 10-23　样文 2

（7）在第 2 张幻灯片中，“游子吟”链接到第 3 张幻灯片；“登幽州台歌”链接到第四张幻灯片；“早发白帝城”链接到第 5 张幻灯片。

（8）设置所有幻灯片的背景为图片“山水.jpg”。

（9）使用动作按钮，使第 3、4、5 张分别返回到第 2 张幻灯片。动作按钮高度 1 cm，宽度 2 cm。

（10）在整个幻灯片的放映过程中伴有背景音乐“渔舟唱晚.mp3”，并且在幻灯片放映时隐藏声音图标。

（11）在第 5 张幻灯片中插入图片“早发白帝城.jpg”，调整图片大小，并放置如图 10-23（b）所示位置。

（12）设置第五张幻灯片中的图片动画效果为：进入—楔入，自动开始；文本部分设置为：进入—自底部、飞入，自动开始，文字逐个显示，动画顺序先对象后文本。

（13）设置演示文稿的页面大小为“35 毫米幻灯片”。

（14）对幻灯片设置排练计时，要求播放时间为 1 min，按排练计时播放幻灯片。

10.4.9　国粹京剧

（1）在第 1 张幻灯片中，插入艺术字“中国”；并设置艺术字样式为填充-红色，强调文字颜色 2，粗糙棱台；隶书，96；文本效果为全映像，接触；动画效果为单击时，自右侧飞入，声音为风铃。如图 10-24 所示。

（2）在第 1 张幻灯片中，插入艺术字“你会想到什么？”；设置艺术字样式渐变填充-橙色，强调文字颜色 6，内部阴影；隶书，72 磅；三维旋转为离轴 1 右；动画效果为单击时，自左下部飞入，声音为“DRIVEBY.WAV”。如图 10-24 所示。

（3）在第 1 张幻灯片中插入图片“问号”，放置位置如图 10-24 所示；并设置动画效果为单击时，进入效果为盒状，方向缩小，声音为照相机，速度为“非常快（0.5 秒）”。

（4）在第 2 张幻灯片中设置文本“丝绸”“瓷器”“美食”的动画效果为单击时，自右侧飞入，声音为“打字机”；文本“还有什么”的动画效果为单击时，自顶部飞入，声音为“GUNSHOT.wav”，文字“按字/词”发送，字/词之间延迟百分比为 100。如图 10-25 所示。

图 10-24 样文 1

图 10-25 样文 2

（5）在第 2 张幻灯片中插入图片“惊叹”，放置位置如图 10-25 所示。

（6）在第 3 张幻灯片中，设置“京剧”的动画效果为单击时，进入效果为盒状，方向放大，声音为“RICOCHET.wav”，速度为“非常快（0.5 秒）”。

（7）为第 4 张幻灯片文本部分“形成于北京，…的集大成者。”设置动画效果，单击时，自顶部擦除，速度为 0.08 秒，声音为“打字机”，动画文本“按字母”，字母之间延迟设置为 100%。

（8）在第 4 张幻灯片中，插入形状“横卷形”；插入图片“演出景况”；插入水平文本框，输入文本“下图为京剧早期演出的景况”，字体为“隶书”、36 磅、浅蓝，效果如图 10-26 所示。将文本框、图片与形状“横卷形”组合为一个整体，并设置动画效果。单击时，进入效果为盒状，方向放大，形状为圆，声音为“鼓掌”。

（9）在第 4 张幻灯片后，新建一张空白版式幻灯片。在其中插入一个水平文本框，输入文本“京剧的行当划分表”，字体为“隶书”，60 磅，浅蓝。

（10）在第 5 张幻灯片中插入 SmartArt 图形“组织结构图”，并按图 10-27 所示，输入内容。并更改 SmartArt 图形的颜色为“彩色轮廓-强调文字颜色 2”。为文本“生”“旦”“净”“丑”设置超链接，分别链接到第 6、7、8、9 张幻灯片。在第 6、7、8、9 张幻灯片中插入动作按钮◁，放置在幻灯片右下角，点击该按钮返回到第五张幻灯片。

图 10-26　样文 3

图 10-27　样文 4

（11）在第 10 张幻灯片中插入视频“京剧《昭君出塞》尚小云”，调整大小与位置，如图 10-28 所示。

图 10-28　样文 5

（12）设置所有幻灯片背景为图片“花”。

（13）设置第 10 张幻灯片的切换方式为“涟漪”并应用到所有幻灯片。

10.5　实验总结

在 PowerPoint 2010 基本操作基础上，通过 PowerPoint 2010 的高级部分的学习，可以掌握 PowerPoint 2010 的动画设计方法。

实验 11　信息安全实验

本实验以 360 杀毒软件和 360 安全卫士为例，详细介绍了软件的安装、设置以及使用。通过本章学习，学生可以了解信息安全的必要性以及常用的预防计算机病毒的方法。

11.1　实验目的

（1）学会安装杀毒软件及掌握杀毒软件的启动和退出。

（2）学会使用杀毒软件对计算机进行杀毒操作，保护计算机安全。

11.2　实验要求

目前市场上有很多种类的杀毒软件，如 360 杀毒软件、瑞星杀毒软件、诺顿杀毒软件、江民杀毒软件、金山毒霸软件等。在本章的实验内容里，着重学习并掌握 360 杀毒软件及 360 安全卫士的安装及使用，提升信息安全防护能力。

11.3　实验内容

11.3.1　360 杀毒软件的下载

要安装 360 杀毒软件，首先请通过 360 杀毒软件官方网站（http://www.sd.360.cn）进入 360 杀毒软件的产品网站，下载最新版本的 360 杀毒安装程序。

（1）启动网络浏览器。双击桌面上的浏览器图标打开浏览器窗口。

（2）浏览网页信息。在浏览器的“地址栏”中输入网络地址（http://www.sd.360.cn），进入 360 杀毒软件的产品网站，如 11-1 所示。

（3）在 360 杀毒软件产品网站首页，可以看到软件正式版以及其他版本的下载按钮，如图 11-2 所示。

图 11-1 360 杀毒软件产品页面

图 11-2 360 杀毒软件下载按钮

（4）单击 360 杀毒软件正式版，将下载的 360 杀毒软件的安装程序保存在需要的位置，如图 11-3 所示。

图 11-3 下载 360 杀毒软件

（5）进入“我的电脑”，找到下载好的 360 杀毒软件安装程序，如图 11-4 所示。

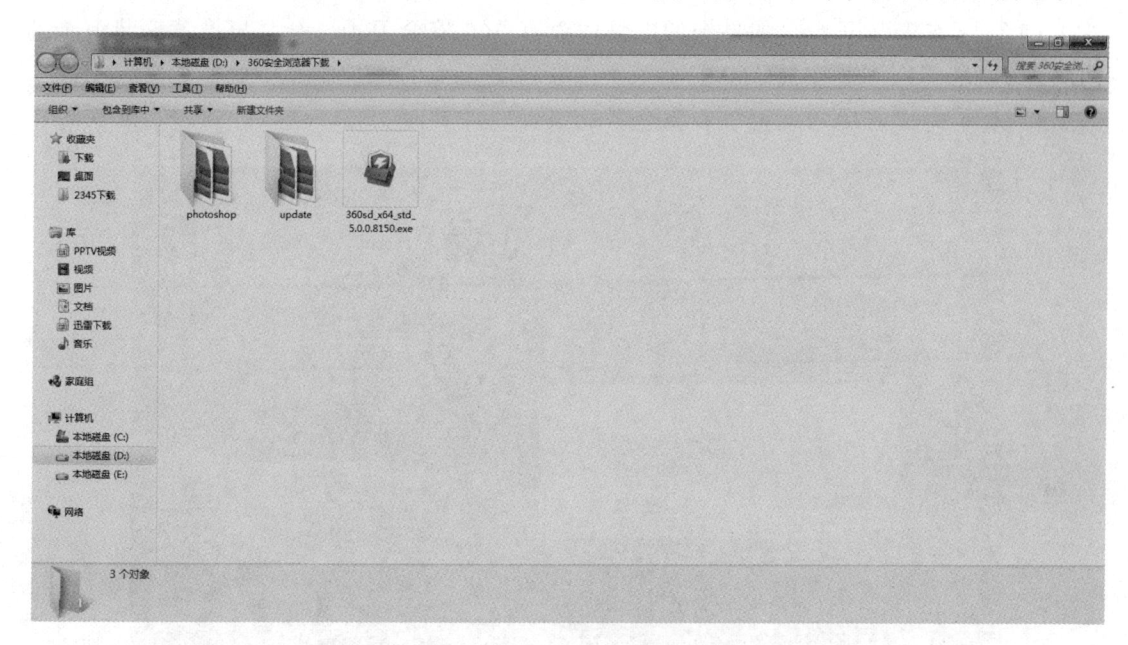

图 11-4　360 杀毒软件的安装程序

11.3.2　360 杀毒软件的安装使用

（1）双击运行下载好的安装包，弹出 360 杀毒安装向导。在这一步您可以选择您的安装路径，建议您按照默认设置即可。

图 11-5　安装 360 杀毒软件

（2）您也可以点击“更改目录”按钮选择安装目录。

（3）接下来安装开始。如果您的电脑中没有 360 安全卫士，会弹出推荐安装卫士的弹窗。我们推荐您同时安装 360 安全卫士以获得更全面的保护。

（4）安装完成之后您就可以看到全新的杀毒软件界面。

图 11-6　杀毒软件安装完毕

（5）软件安装完成后会自动打开 360 杀毒软件。同时在桌面的右下角出现一个图标，双击这个图标也可以打开 360 杀毒软件，此时便可以对计算机进行扫描。扫描完成后即可以进杀毒等操作，如图 11-7 和图 11-8 所示。

图 11-7　使用 360 杀毒软件扫描计算机

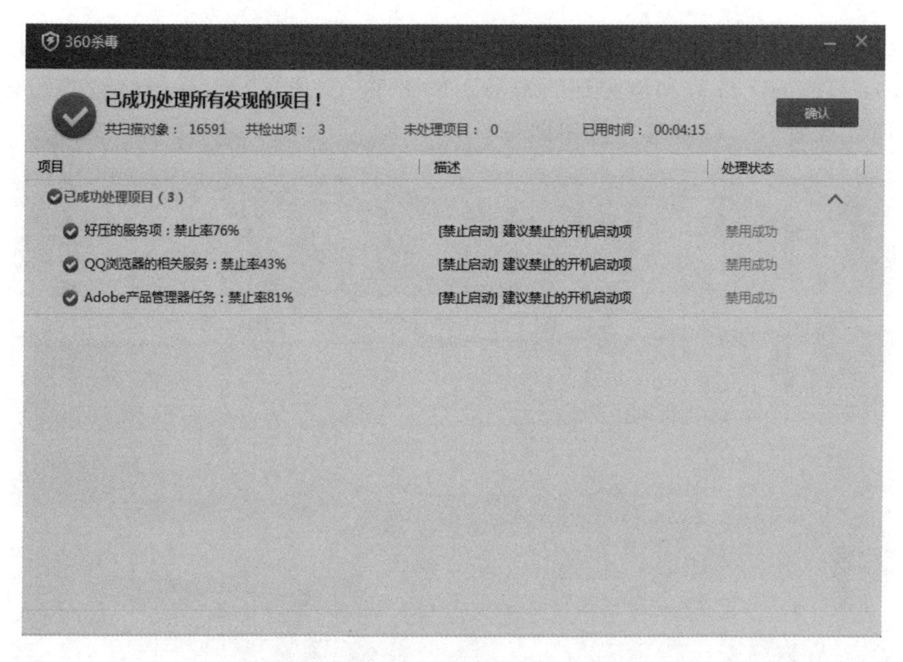

图 11-8　用 360 杀毒软件杀毒

11.3.3　360 安全卫士的安装使用

使用 360 安全卫士可以对电脑进行木马查杀、漏洞修复、清理垃圾，为电脑加速，做好信息安全防护。软件安装过程参照 360 杀毒软件的安装。

（1）查杀木马。启动安全卫士，在其主界面中单击“查杀木马”按钮，打开“查杀木马”界面，如图 11-9 所示。首次打开木马查杀会弹出“邀您加入云安全计划”弹窗，可根据需要选择是否同意。

图 11-9　“查杀木马”界面

单击“全面扫描”按钮，360 安全卫士开始对系统进行全面的扫描，在扫描的进程中，会显示扫描的文件数和检测到的木马，如图 11-10 所示，选择想删除的木马，单击“立即处理”或者“一键处理”按钮即可。

图 11-10 查杀木马

（2）修复漏洞。在 360 安全卫士主界面中单击“系统修复”按钮，在切换到的界面中单击“单项修复”中的“漏洞修复”即可对系统中的漏洞进行扫描，如图 11-11 所示）。扫描完毕，将显示需要修复的漏洞并自动选中，单击“一键修复”按钮，可自动下载相对应的补丁来修复漏洞，如图 11-12 所示。

图 11-11 打开“漏洞修复”界面

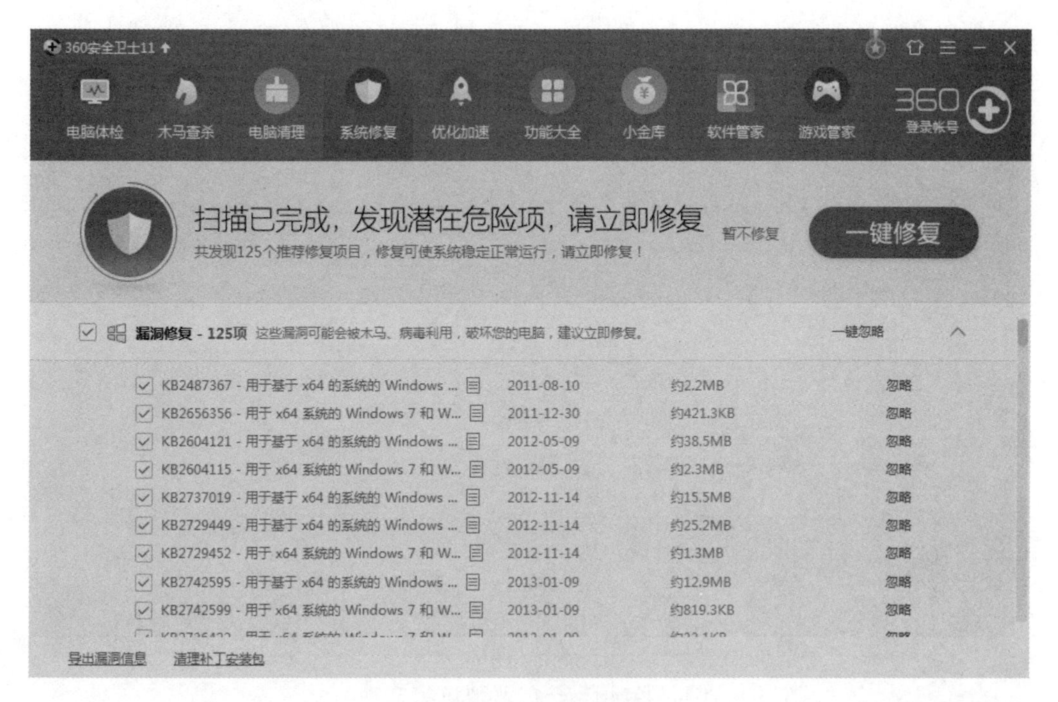

图 11-12 漏洞修复

（3）电脑清理。在 360 安全卫士主界面中单击“电脑清理”按钮，在打开的界面中单击“全面扫描”按钮或者“单项清理”选择想要清理的垃圾类型，如清理垃圾、插件、注册表和痕迹等，如图 11-13 所示，系统便会自动对所选的垃圾文件类型进行扫描。扫描结束后选择想要清理的垃圾文件，单击“一键清理”按钮即可，如图 11-14 所示。

图 11-13 电脑清理

图 11-14　一键清理垃圾文件

（4）电脑加速。在 360 安全卫士主界面单击“优化加速”按钮，360 安全卫士即开始扫描电脑中哪些项目可以提升电脑的运行速度，并显示扫描结果，如图 11-15 所示。单击“立即优化”即可对电脑加速。

图 11-15　电脑加速

（5）信息安全防护。在 360 安全卫士主界面单击“防护中心”或单击“主菜单”—

“设置”进入“360 安全防护中心”(见图 11-16)，对防护功能进行定制，如图 11-17、图 11-18 所示。

图 11-16　360 安全防护中心

图 11-17　“安全防护中心”

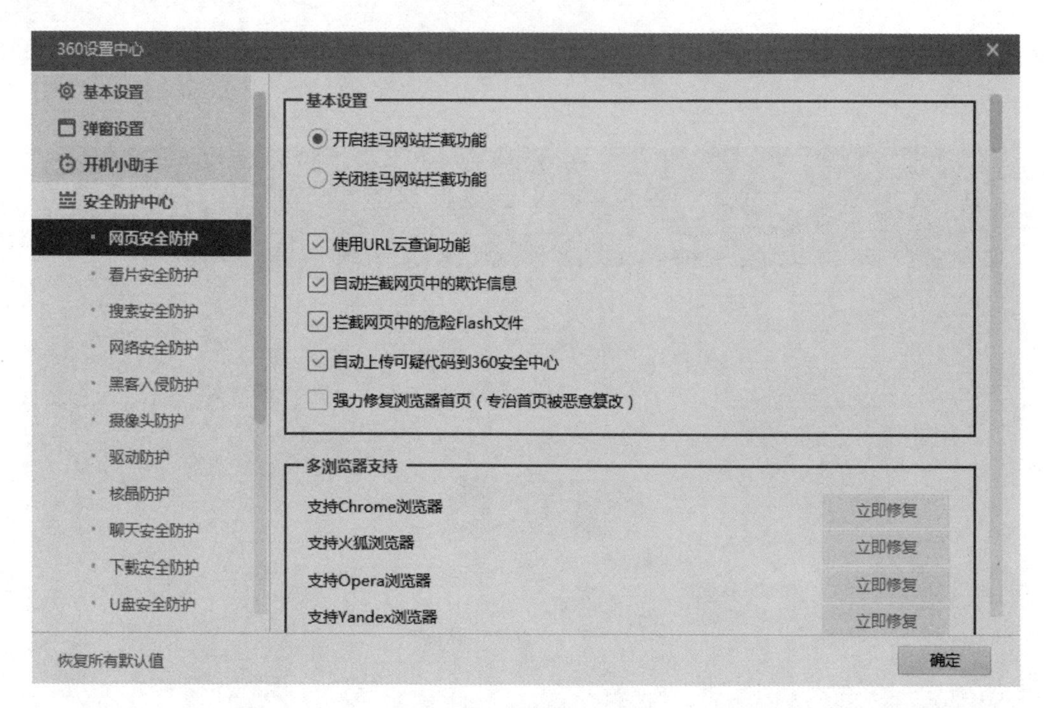

图 11-18 安全防护设置

11.4 实验总结

读者可以通过学习 360 杀毒软件、360 安全卫士的安装和杀毒过程，培养安全软件的使用能力，掌握杀毒软件的操作技能，使在解决计算机病毒与保护方面的思维能力得到提高。

实验 12　Access 2010 数据库设计

12.1　实验目的

（1）掌握 Access 数据库的基本功能和特点。
（2）掌握 Access 数据库、数据表、查询、窗体对象的基本设计方法。
（3）掌握通过窗体进行界面设计并集成各个对象的方法。

12.2　实验要求

（1）创建一个名为“教学管理”的数据库。
（2）创建“教学管理”数据库中的“教师”“课程”“教师授课”表。
（3）建立“教师”“课程”“教师授课”表三者之间的联系。
（4）向“教师”表中录入数据。
（5）创建“男教师查询”“教师职称统计查询”两个查询。
（6）创建“教师信息管理”的窗体，并用按钮实现上述查询的调用。

12.3　实验内容

某学校希望对教师、课程、教师授课的相关情况进行管理，由于后续希望进行数据的大量统计和逐步形成较完善的应用系统，所以决定采用 Access 2010 作为数据库进行开发设计。

系统中各实体的基本关系是：一名老师可以担任多门课程的教学，而一门课程可以有多名教师教授，教师教授课程的信息存放在教师授课表中。

根据实验要求，为该学校设计 Access 数据库。

“教师”表的结构如表 12-1 所示。

表 12-1 “教师”表的结构

字段名	教师编号	姓名	性别	年龄	工作时间	政治面貌	学历	职称	系部	联系电话
类型	文本	文本	查询向导	数字	日期/时间	查询向导	查询向导	查询向导	文本	文本
要求	长度 6	长度 20		整型					长度 20	长度 11

说明： 教师编号为主键；性别取值为“男”“女”；政治面貌取值为“党员”“团员”“群众”；学历取值为“本科”“硕士”“博士”；职称取值为“助教”“讲师”“副教授”“教授”。

“课程”表的结构如表 12-2 所示。

表 12-2 “课程”表的结构

字段名	课程编号	名称	类型	学分
类型	文本	文本	查询向导	数字
要求	长度 3	长度 30	取值为“必修”、“选修”	整型

说明： 课程编号为主键。

“教师授课”表的结构如表 12-3 所示。

表 12-3 “教师授课”表的结构

字段名	教师编号	课程编号	授课学期	授课班级
类型	文本	文本	文本	文本
要求	长度 6	长度 3	长度 20	长度 20

说明： 教师编号和课程编号共同作为主键。

12.4 实验步骤

1. 创建“教学管理”数据库

（1）启动 Access 后，点击“文件”选项卡，在左侧窗格中单击“新建”命令，在右侧窗格中单击“空数据库”选项。

（2）在右侧窗格下方“文件名”文本框中，默认的文件名为“Database1.accdb”，将该文件名改为“教学管理.accdb”。

（3）点击文本框右侧的“浏览”按钮，弹出“文件新建数据库”对话框。在对话框中找到 D 盘下的 Access 文件夹并打开。

（4）单击“创建”按钮，则 Access 将在 D:\\Access 目录下创建一个“教学管理.accdb”数据库，并自动创建一个名称为“表 1”的数据表，并以数据表视图方式打开，如图 12-1 所示。

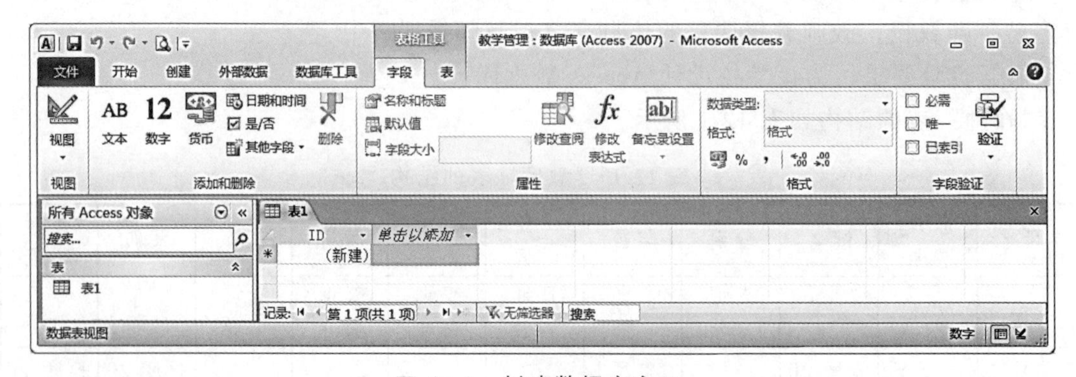

图 12-1 创建数据库窗口

2. 创建数据表。

（1）在图 12-1 所示界面中单击“创建”选项卡，单击“表格”命名组中的“表设计”按钮，进入表设计视图，参照图 12-2 设计“教师”表的结构。并单击“设计”选项卡“工具”命令组的“主键”按钮，设置“教师编号”为主键。

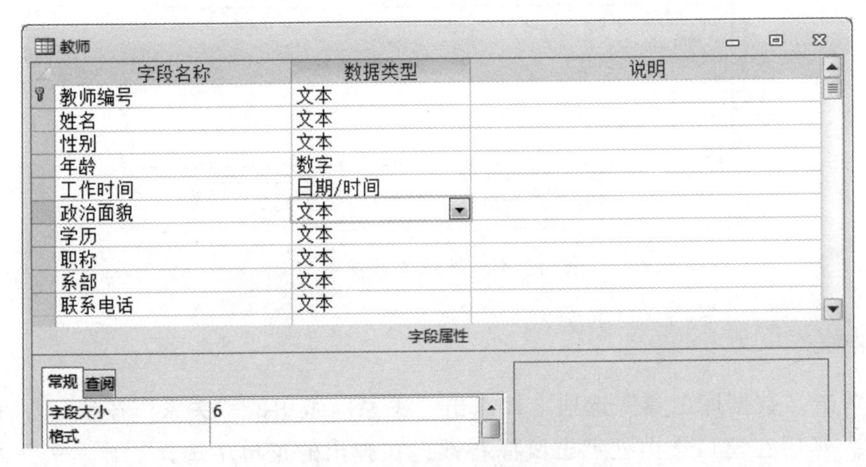

图 12-2　创建数据库窗口

（2）设置“性别”字段。利用“查阅向导”输入，通过菜单可选择“男”或“女”。设置过程为：点击“性别”字段的数据类型，从下拉列表中选择“查阅向导...”，则弹出查询向导对话框，选择“自行键入所需的值”，如图 12-3 所示，点击“下一步”；进查阅向导选项输入界面，在下方“第 1 列”的列表中输入“男”“女”，如图 12-4 所示，点击“完成”。

（3）参照“性别”字段的设计，设计“政治面貌”“学历”“职称”字段查阅向导中相应的值列表。

（4）参照“教师”表的设计方法，创建“课程”“教师授课”表。

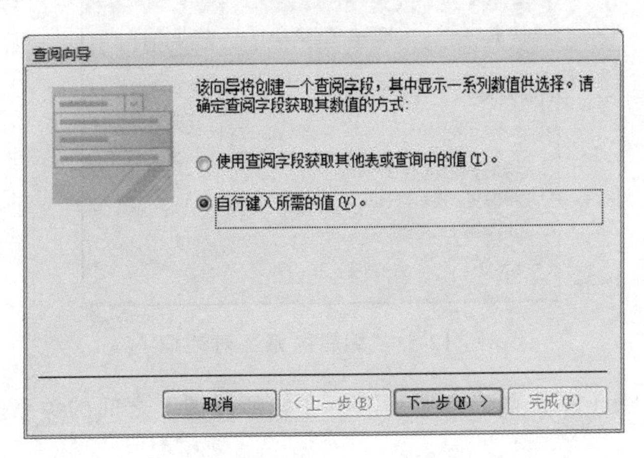

图 12-3　查阅向导视图一

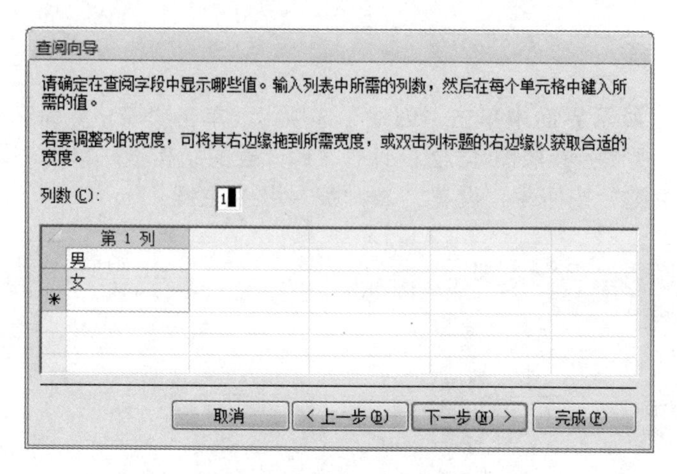

图 12-4 查阅向导视图二

3. 创建表的关系

（1）单击“数据库工具”选项卡，点击“关系”组中的“关系”按钮，打开“关系”窗口。然后在窗口空白处点击鼠标右键，在弹出的菜单中选择“显示表”命令，打开“显示表”对话框。

（2）在“显示表”对话框中，依次双击“教师”表、“教师授课”表和“课程”表，将其添加到“关系”窗口中。然后单击“关闭”按钮，关闭“显示表”窗口。

（3）选定“教师授课”表中的“教师编号”字段，然后按着鼠标左键并拖动到“教师”表中的“教师编号”上，松开鼠标，此时弹出“编辑关系”对话框。单击“实施参照完整性”复选框，然后再依次单击“级联更新相关字段”和“级联删除相关记录”复选框。最后点击“创建”按钮，则完成了“教师”—“教师授课”之间的关系创建。如图 12-5 所示。

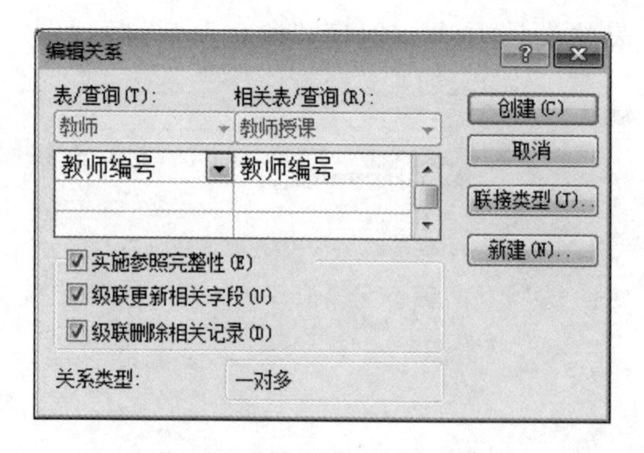

图 12-5 “编辑关系”对话框

（4）按上述方法（3），创建“课程”—“教师授课”之间的关系。设计完成的结果如图 12-6 所示。

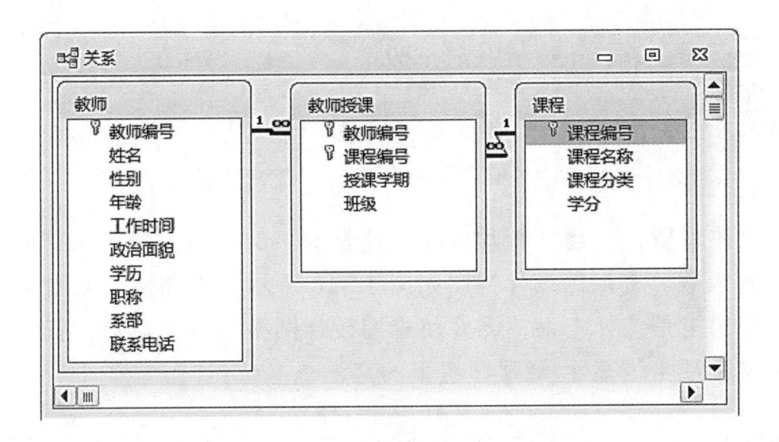

图 12-6 建立关系结果示意图

4. 录入数据

在对象导航窗格中双击“教师”表，打开“教师”表的数据表视图，向“教师”表中录入如图 12-7 所示的记录。

教师编号	姓名	性别	年龄	工作时间	政治面貌	学历	职称	系部	联系电话
199401	张宏	男	35	1994/2/13	党员	本科	教授	中文	13208549977
199801	赵倩	女	30	1998/12/1	团员	本科	副教授	计算机	13208549978
199901	王程	男	28	1999/11/13	群众	专科	讲师	英语	13208549979

记录: 第 4 项(共 4 项) 无筛选器 搜索

图 12-7 “教师”表中的数据

5. 创建查询

（1）创建“男教师查询”的查询对象。该查询仅筛选出男教师。

① 打开查询“设计”视图。单击“创建”选项卡，点击“查询”组中的“查询设计”按钮，打开新建查询的“设计视图”，将同时弹出“显示表”对话框。在“显示表”对话框中双击“教师”表，将其添加到设计视图上半部分的窗口中，然后单击“关闭”按钮关闭“显示表”窗口。完成的查询设计如图 12-8 所示。

② 切换到查询的数据表视图，“男教师查询”查询的结果如图 12-9 所示。

图 12-8 “男教师查询”设计视图

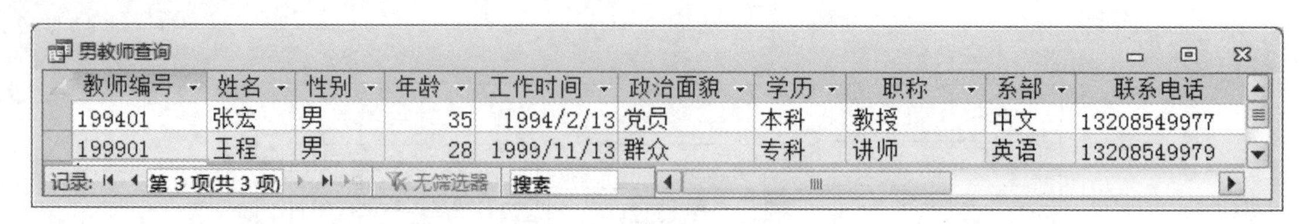

教师编号	姓名	性别	年龄	工作时间	政治面貌	学历	职称	系部	联系电话
199401	张宏	男	35	1994/2/13	党员	本科	教授	中文	13208549977
199901	王程	男	28	1999/11/13	群众	专科	讲师	英语	13208549979

图 12-9 “男教师查询”查询结果

（2）根据上述步骤，创建“教师职称统计查询”的查询对象。该查询要求统计各职称所具有的教师人数。查询的设计视图如图 12-10 所示，查询结果如图 12-11 所示。

注意，由于这里是统计查询，需要使查询设计网格显示“总计”行，其方法是点击查询工具上下文选项卡“显示/隐藏”组里的“汇总”按钮Σ。

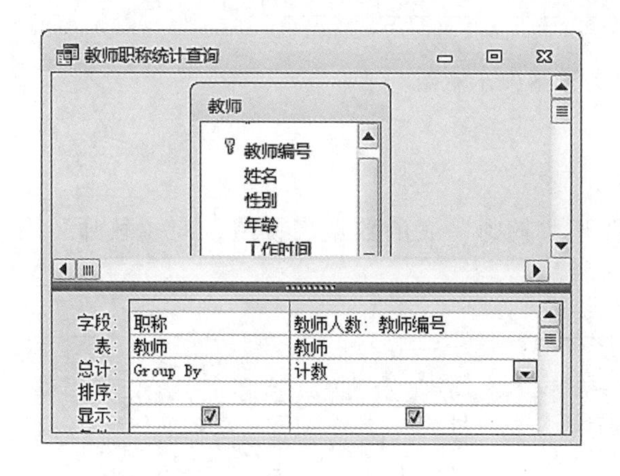

图 12-10 “教师职称统计查询”设计视图

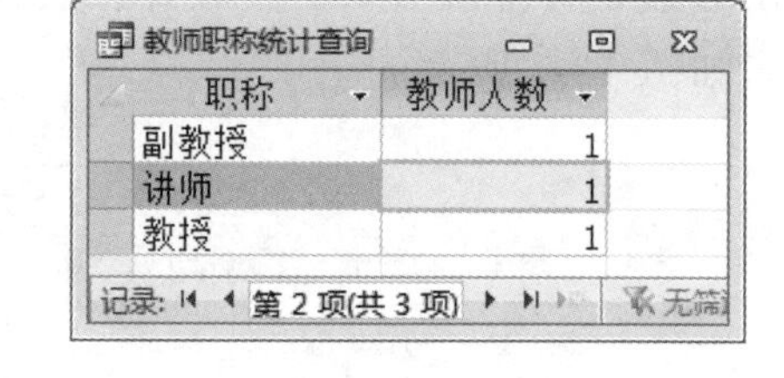

职称	教师人数
副教授	1
讲师	1
教授	1

图 12-11 “教师职称统计查询”设计视图

6. 创建“教师信息管理”的窗体。

（1）在“创建”选项卡的“窗体”命令组中，点击“窗体向导”按钮 窗体向导，调出窗体向导的字段选择对话框。

（2）选数据源并添加字段：在“表/查询”的下拉列表中选择“教师”表；在“可用字段”列表中点击“>>”按钮，将所有字段添加到“选定字段”列表中，如图 12-12 所示。点击“下一步”命令按钮。

（3）确定窗体布局。在弹出的窗体向导的布局选择对话框中，选择“纵栏式”单选按钮，如图 12-13 所示。点击“下一步”命令按钮，弹出窗体向导的指定标题对话框，在指定标题的文本框中输入“教师信息管理”，该标题同时也作为窗体的名称保存。点击“完成”命令按钮，打开初步的窗体如图 12-14 所示。

（4）为窗体添加命令按钮。

① 切换进入到窗体的设计视图；拖动窗体页脚约 1 厘米。在“窗体设计工具”选项卡的“设计”选项组中，点击控件中的“命令按钮”图标，如图 12-15 所示；在窗体页脚处划动添加“显示男教师”命令按钮。

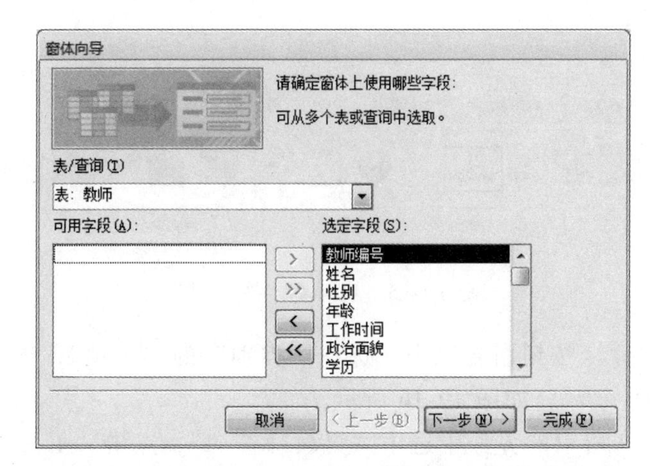

图 12-12　窗体字段选择对话框

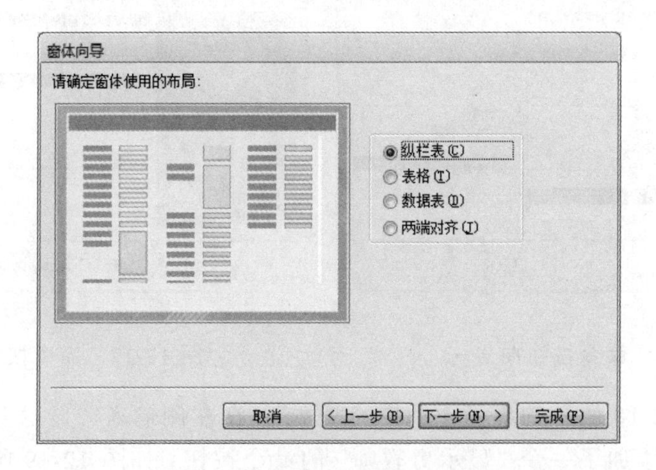

图 12-13　窗体布局选择对话框

教师信息管理

字段	值
教师编号	199401
姓名	张宏
性别	男
年龄	35
工作时间	1994/2/13
政治面貌	党员
学历	本科
职称	教授
系部	中文
联系电话	13208549977

记录: 第 1 项(共 3 项)　无筛选器　搜索

图 12-14　初步设计的“教师信息管理”纵栏式窗体

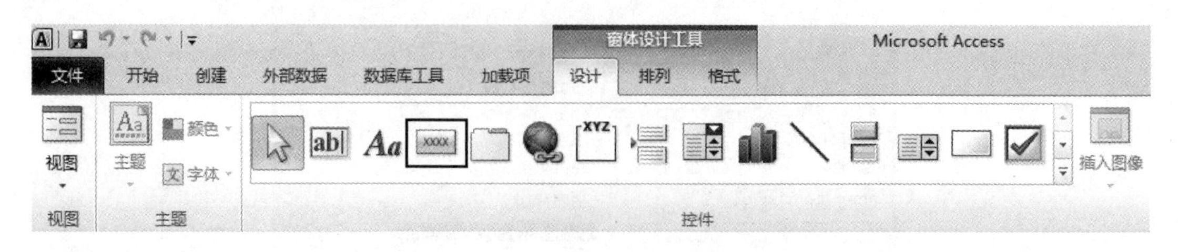

图 12-15 窗体控件栏视图

② 在出现的“命令按钮向导”中，选中“类别”的“杂项”，选中“操作”的“运行查询”，点击“下一步”。如图 12-16 所示。

③ 在如图 12-17 所示的界面中选中“男教师查询”，点击“下一步”。

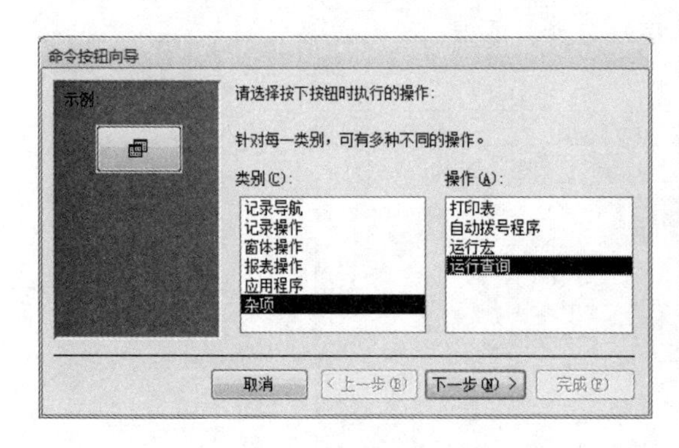

图 12-16 命令按钮向导一

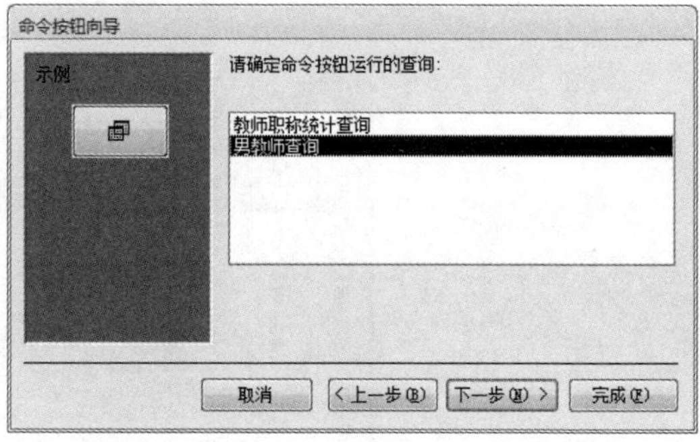

图 12-17 命令按钮向导二

④ 在如图 12-18 所示的界面中选中“文本”，在左侧输入“显示男教师”，点击“完成”。则在窗体上添加了一个“显示男教师”的命令按钮，如图 12-19 所示，运行窗体后，点击该按钮可以打开前面设计的“男教师查询”的查询结果。

⑤ 根据“显示男教师”命令按钮设计方法，添加“按职称统计教师人数”，运行窗体后，点击该按钮可以打开前面设计的“教师职称统计查询”的查询结果。

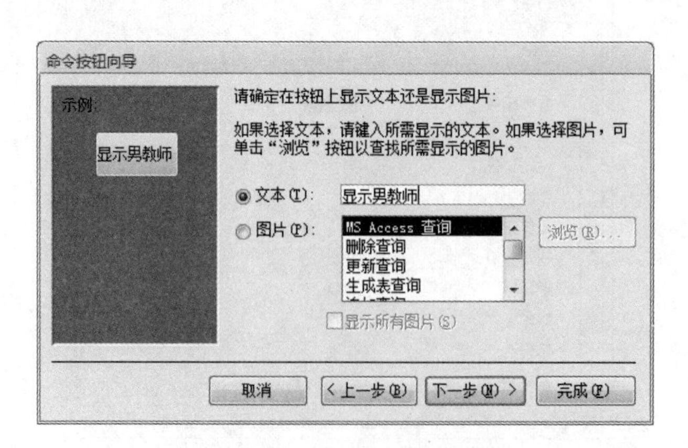

图 12-18 命令按钮向导三

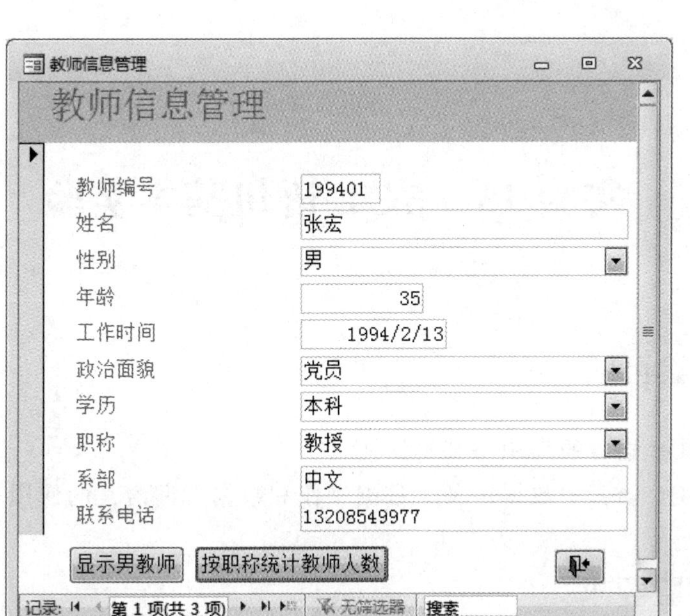

图 12-19　“教师信息管理”窗体界面

⑥ 设计“退出窗体”（最下角）命令按钮。在图 12-16 所示的界面中，选中“类别”下的“窗体操作”以及“操作”下的“关闭窗体”。点击该按钮，则关闭“教师信息管理”窗体。

⑦ 适当的排列按钮位置，最终设计的“教师信息管理”窗体如图 12-19 所示。

12.5　实验总结

读者可以通过本实验，培养在实际系统分析中运用数据库基本理论知识的能力，掌握利用 Access 2010 数据库进行数据库设计的基本思路、方法与技巧，提高运用数据库解决实际数据存储及数据管理方面的能力。

实验 13 SQL 语句基本实验

13.1 实验目的

（1）掌握 SQL 语言的作用与基本语法。
（2）掌握 SQL 语言中数据定义、数据操作和数据查询语言的使用。

13.2 实验要求

（1）掌握在 Access 数据库中使用 SQL 语句的方法。
（2）掌握在 Access 中 SQL 语句设计与查看运行结果的方法。

13.3 实验内容

以下操作，均要求采用 SQL 语言实现：
（1）在实验 12 的数据库“教学管理”中创建一个“选课成绩”表。
（2）向“选课成绩”表插入三条记录。
（3）修改“选课成绩”表中指定记录的字段值。
（4）删除“选课成绩”表中指定记录。
（5）实现实验 12 中设计的“男教师查询”、“教师职称统计查询”的数据查询功能。

13.4 实验步骤

SQL（Structured Query Language 结构化查询语言）是一种介于关系代数与关系演算之间的语言，其功能包括数据查询、数据定义、数据操纵和数据控制 4 个方面，是一种通用的、功能极强的关系数据库语言，目前已成为关系数据库的标准语言。大多数数据库均用 SQL 作为共同的数据存取语言和标准接口，使不同数据库系统之间的互操作有了共同的基础。

在 Access 中进行 SQL 设计的基本方法如下。

（1）在“创建”选项卡中，点击“查询设计”命令按钮，弹出查询设计“显示表”对话框，如图 13-1 所示，直接点击关闭。

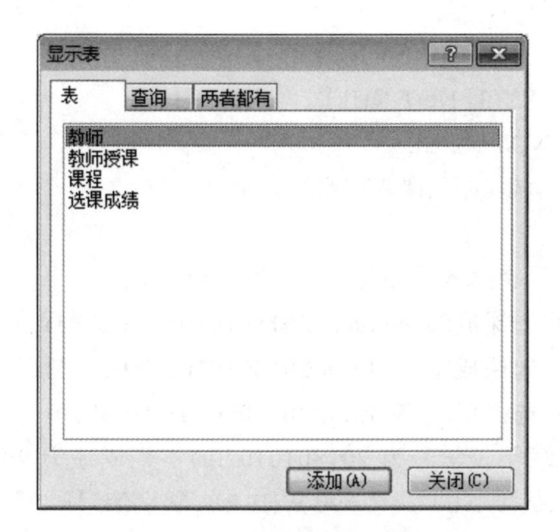

图 13-1　“查询设计”默认窗口

（2）在如图 13-2 所示的“查询工具”选项卡中，选择“结果”命令组上“视图”下方向下的小箭头，在下拉菜单中选择“SQL 视图”，则进入到 Access 数据库的 SQL 语句设计界面。

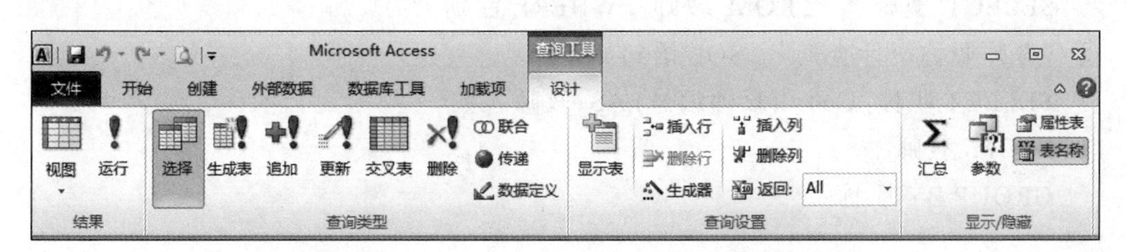

图 13-2　查询工具“设计”上下文选项卡

（3）在 SQL 视图界面中输入标准 SQL 语句，点击图 13-2 中“结果”命令组上的“运行”按钮，即可执行输入的 SQL 语句，执行完毕后，可通过查看数据表查验结果。

13.5　实验要求及 SQL 语句参考

（1）创建表 13-1 所示的“选课成绩”表。

表 13-1　选课成绩表

字段名	学生编号	课程编号	成绩
类型	文本	文本	数字
要求	长度 10	长度 3	单精度

说明：学生编号和课程编号共同作为主键。

创建“选课成绩”表的 SQL 语句如下：

CREATE TABLE 选课成绩

```
( 学生编号 TEXT(10) NOT NULL,
 课程编号 TEXT(3) NOT NULL,
 成绩 Single NOT NULL,
 primary key(学生编号,课程编号)
 )
```

（2）向“选课成绩”表插入三条记录，SQL 语句如下：

```
INSERT INTO 选课成绩 Values('2018010101','101',85)
INSERT INTO 选课成绩 Values('2018010102','102',75)
INSERT INTO 选课成绩 Values('2018010103','103',70)
```

（3）修改“选课成绩”表学号为 2018010102 的学生成绩为 90 分，SQL 语句如下：

```
UPDATE 选课成绩 SET 成绩=90 WHERE 学生编号='2018010102'
```

（4）删除“选课成绩”表中 103 号课程的记录，SQL 语句如下：

```
DELETE FROM 选课成绩 WHERE 课程编号='103'
```

（5）实现实验 12 中设计的“男教师查询”、“教师职称统计查询”的数据查询功能。

①“男教师查询”SQL 语句如下：

```
SELECT 教师.* FROM 教师 WHERE 性别="男"
```

②“教师职称统计查询” SQL 语句如下：

```
SELECT 职称, Count(教师编号) AS 教师人数
FROM 教师
GROUP BY 职称
```

13.6 实验总结

读者通过本实验，可以掌握数据库基本操作语言——SQL 结构化查询语言的基本语法，掌握 SQL 中数据定义、数据查询、数据操纵语言的使用，提高运用、操纵数据库的能力。

实验 14　简单程序设计

14.1　实验目的

（1）熟悉可视化计算工具 Raptor 的运行环境。
（2）掌握 Raptor 中赋值、输入、输出、过程调用、选择、循环 6 种符号的使用方法。
（3）能够设计顺序结构的简单程序。

14.2　实验要求

（1）认真阅读“附件：Raptor 可视化程序设计简介”的预备知识内容。
（2）学会 Raptor 的安装，熟悉 Raptor 程序设计环境。
（3）查看 Raptor 帮助文档，了解帮助文档的使用方法。

14.3　实验内容

（1）Raptor 实验环境的安装。
（2）编写输出字符串“Hello World!”的程序。
（3）编写“求两个整数中的较大值”的程序。
（4）编写求 1+2+3+…+10 的和的程序。

14.4　实验步骤

14.4.1　Raptor 实验环境的安装

在 Raptor 的官方网站（http://raptor.martincarlisle.com/）下载 Raptor 的安装文件，该网站上有几个不同的版本，推荐使用最新的版本，只需点击“Download latest version”即可。该网站上还有一个便携版本，这个版本可以安装在 U 盘内使用。安装过程非常简单，只需双击安装文件，按照提示进行操作即可。

14.4.2　编写输出字符串“Hello World!”的程序

1. 认识 Raptor 编程环境

打开 Raptor 软件，会弹出两个对话框：一个是 Raptor 的开始界面，如图 14-1 所示；

另一个是用于显示 Raptor 程序输出结果的界面，如图 14-2 所示。

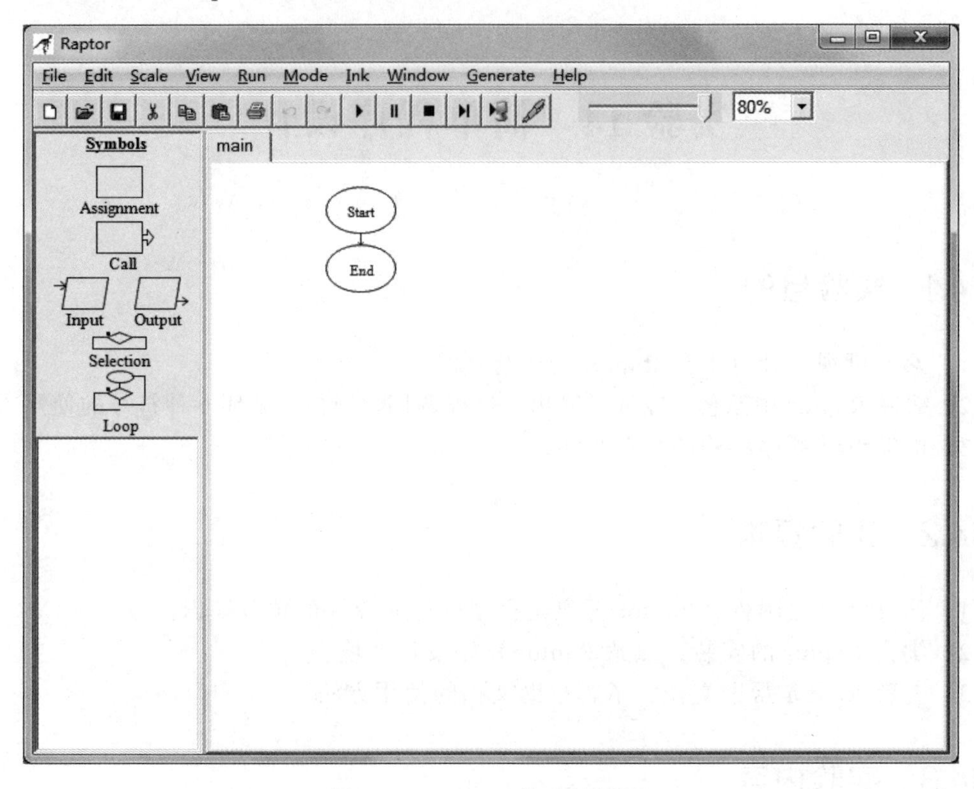

图 14-1 Raptor 的开始界面

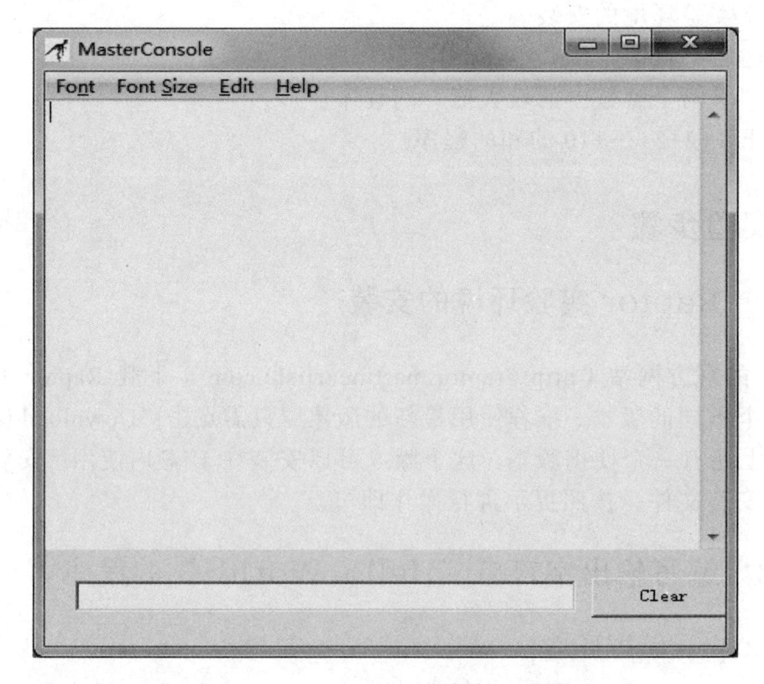

图 14-2 显示 Raptor 程序输出结果的界面

图 14-1 的左半部分是 Raptor 的 6 种基本符号：赋值（Assignment）、调用（Call）、输入（Input）、输出（Output）、选择（Selection）和循环（Loop）。图的中间是主函数（main），它是程序执行的入口，框图 start 和框图 end 分别表示程序的开始和结束。

2. 输出“Hello World!”的程序实现过程

在一个简单的“Hello，World!”程序中，涉及两个基本符号，即赋值（Assignment）符号和输出（Output）符号（当然也可以只用输出（Output）符号，这里是为了了解这两种基本符号）。

输出“Hello，World!”字符串，基本思路是先将该字符串存储在某个地方，然后对其进行输出。存储该字符串就需要用到赋值符号。如图 14-3 是插入赋值符号后的效果。

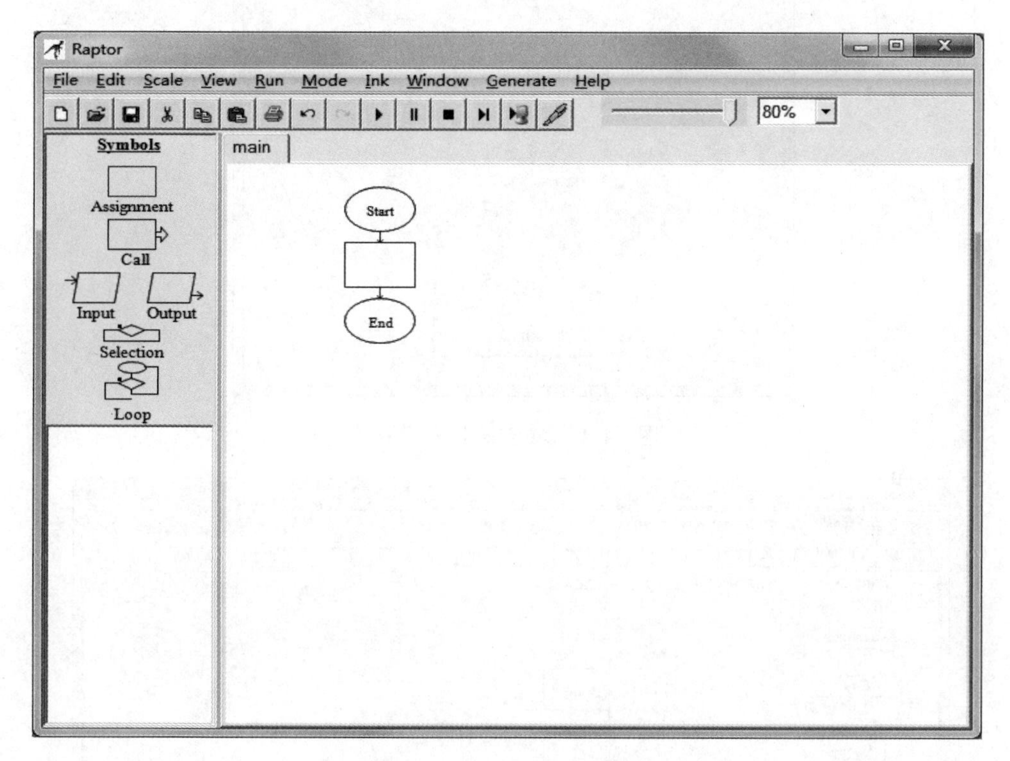

图 14-3 插入赋值符号

在图 14-3 中，只需单击左半部分的 Assignment，然后将其拖动到 start 与 end 之间即可。接下来是将字符串“Hello，World!”赋值给某个变量的过程。

当双击赋值符号之后，会弹出如图 14-4 所示的窗口，该窗口用于将“Hello，World!”字符串赋值给某个变量（该字符串被存储在内存中的某个空间内，可以通过该变量名来访问这段内存空间）。在 Set 文本框中输入变量的名称，可以用它来访问字符串“Hello，World!”，在 to 文本框中输入想要存储的值，即“Hello，World!”，然后单击 Done 按钮即可。这里要注意一点，输入的字符串需要加英文双引号，且内容只能使用英文字符、英文符号或数字，效果如图 14-5 所示。

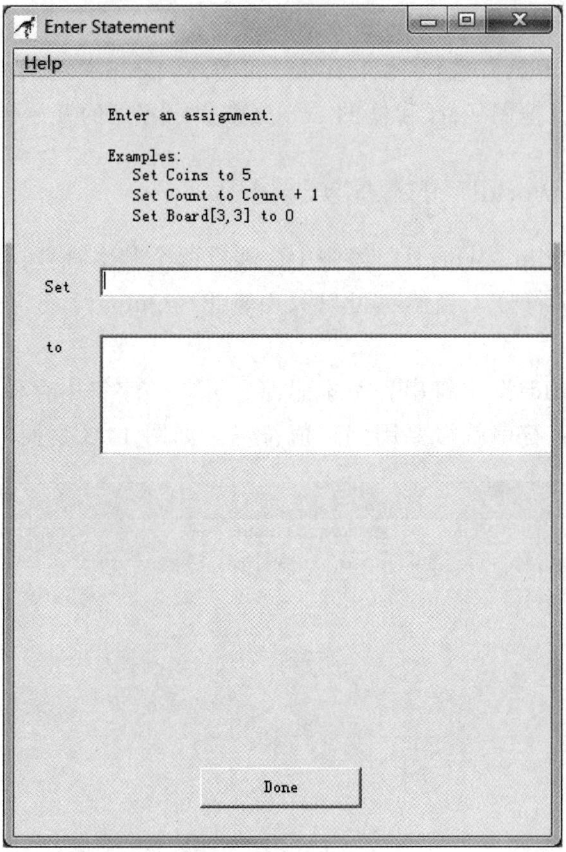

Enter Statement
Help
Enter an assignment.
Examples:
Set Coins to 5
Set Count to Count + 1
Set Board[3,3] to 0
Set
to
Done

图 14-4 赋值语句对话框

Raptor - 1.rap
File Edit Scale View Run Mode Ink Window Generate Help
80%
Symbols
Assignment
Call
Input
Output
Selection
Loop
main
Start
s ← "Hello, World!"
End

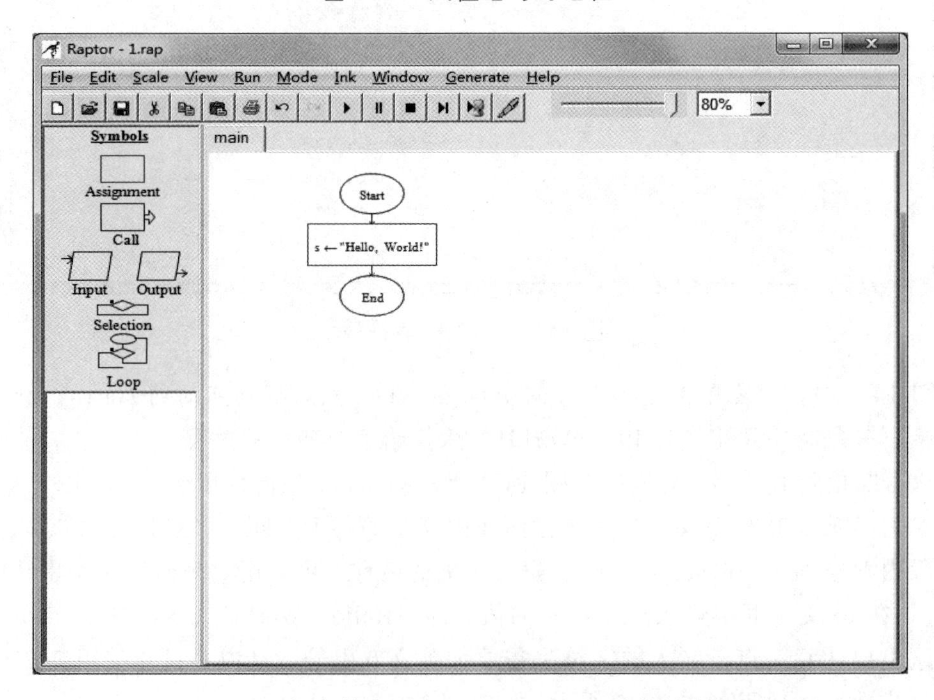

图 14-5 将字符串“Hello，World！”赋值给变量 s

接下来就可以进行对字符串的输出了。为了进行输出，需要输出符号，与添加赋值（Assignment）符号的操作一样，可以采用同样的方式将输出符号拖动到赋值符号与 End 之间，效果如图 14-6 所示。

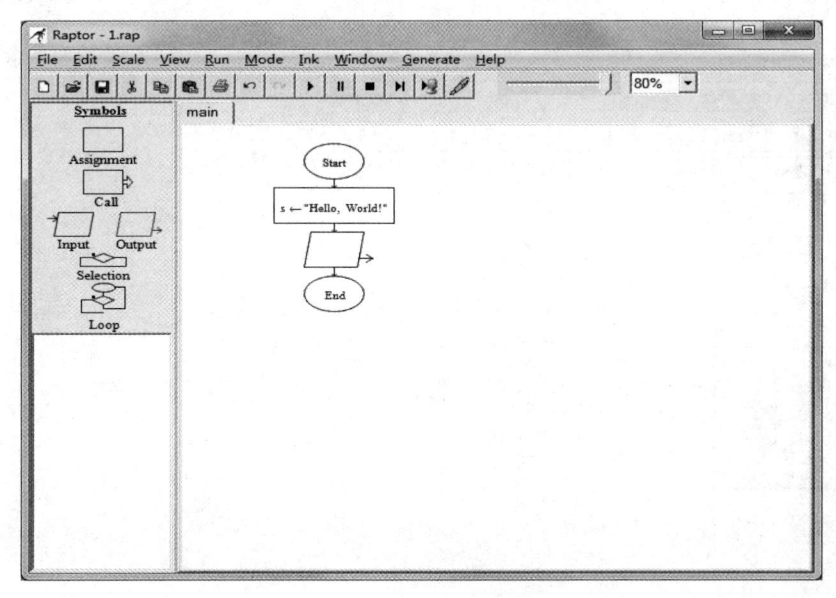

图 14-6　加入 Output 符号

接下来，双击输出符号，会弹出输出语句窗口，如图 14-7 所示。在此窗口中，如果选中“End current line”复选框，则在如图 14-9 中输出语句后会出现段落结束符¶，即输出数据后自动换行；否则在输出语句后不会出现¶符号。

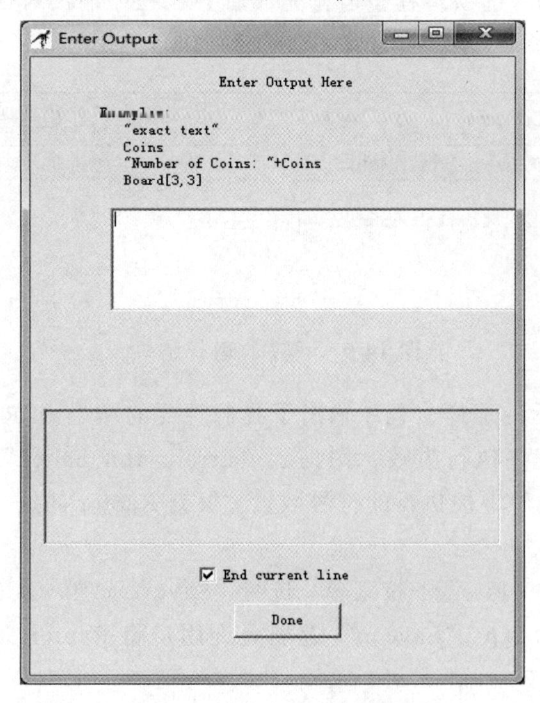

图 14-7　输出语句对话框

因为要输出的是“Hello，World!”，而“Hello，World!”已被赋值给了变量 s，因此只需输出 s 即可。在输出语句窗口的文本框中输入 s，单击“Done”按钮，得到的完整的 Raptor 程序，如图 14-8 所示。

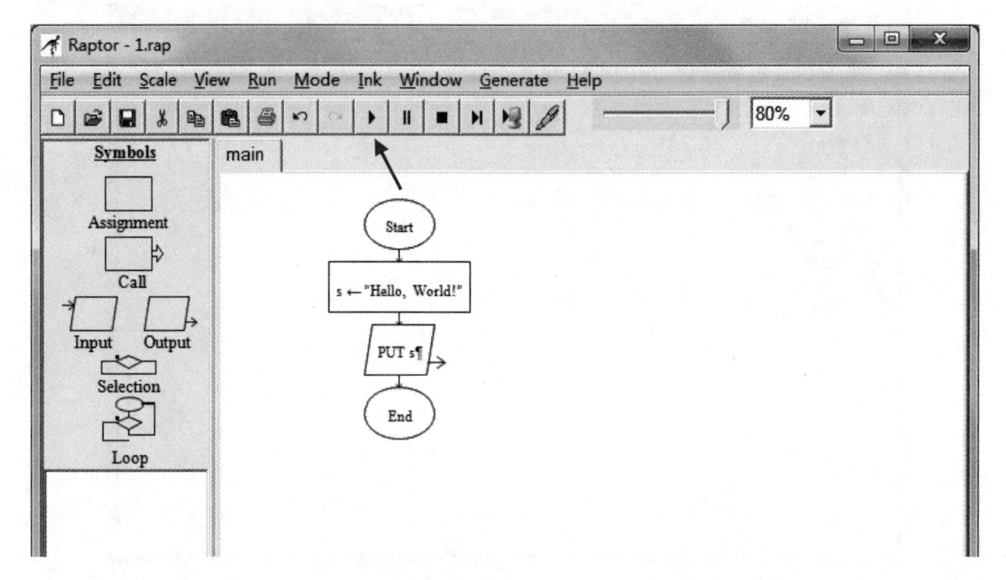

图 14-8　完整的 Raptor 程序

设计好完整的 Raptor 程序之后，接下来就可以运行程序了。可以通过两种方式运行 Raptor 程序：一种是单击图 14-8 中箭头所指的图标；另一种是单击“Run”菜单中的“Execute to completion”选项。程序运行完成后会在程序输出对话框中显示程序运行结果，如图 14-9 所示。

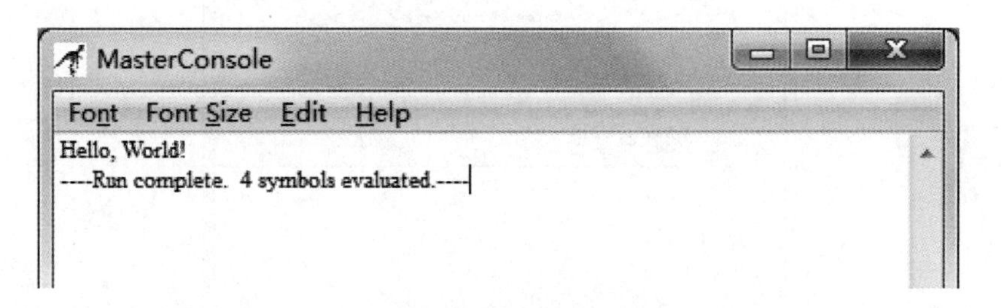

图 14-9　程序的运行结果

正如图 14-9 所显示的那样，程序输出了我们想要的结果。“Run complete.”提示程序成功执行完成。若程序执行失败，则提示“Error，run halted”。后面的“4 symbols evaluated.”表示的是程序中被执行的符号数量。根据 Raptor 的这一功能，可以粗略地分析算法的复杂度。

单击开始界面中的“File”下拉菜单，选择“Save”选项，对 Raptor 文件进行保存，Raptor 文件的扩展名为.rap。“Save as”选项允许用户将 Raptor 文件以指定的名称保存到指定的位置。

14.4.3 编写“求两个整数中的较大值”的程序

在第一个例子中介绍了一个简单的输出程序，其中包括赋值与输出符号；接下来介绍一个求两个整数的较大值的程序，该程序包含更多的符号。

要求两个数 a 和 b 中的较大值，需要使用输入符号。在使用输入符号的情况下，在程序执行到输入符号时，用户输入的值即为变量的值。插入输入符号的结果如 14-10 所示。

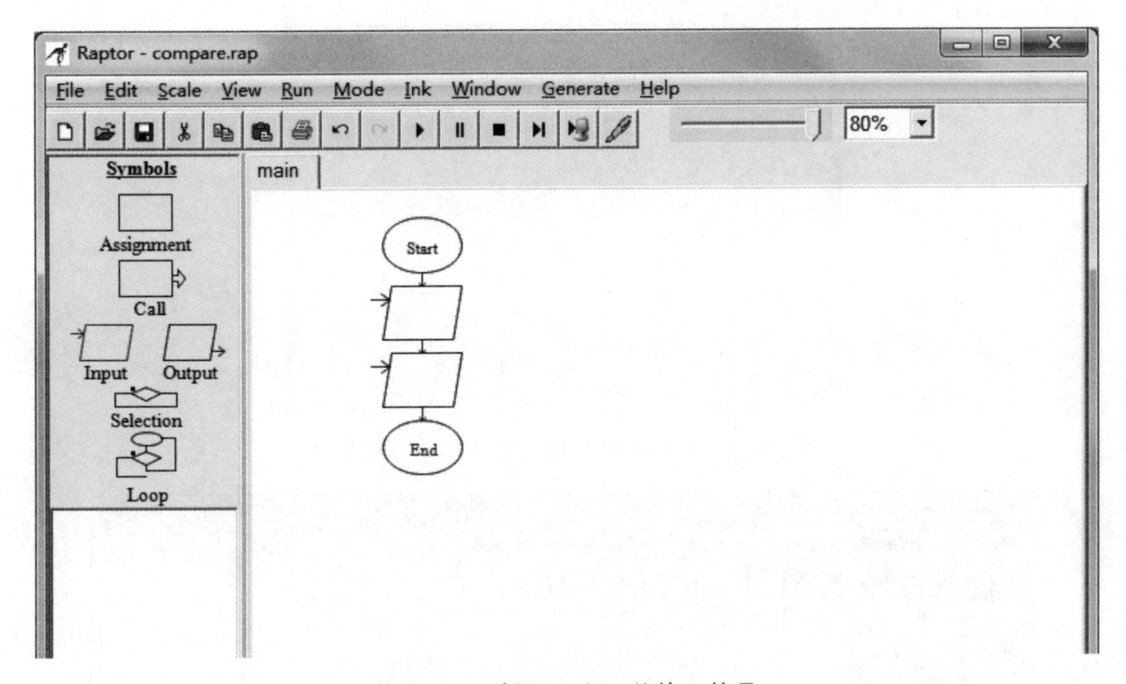

图 14-10 插入 a 和 b 的输入符号

双击输入符号，会弹出如图 14-11 所示的窗口，其中“Enter Prompt here”部分要求输入提示文本，也就是对将要输入的变量进行说明，比如变量类型、范围等；“Enter Variable here”部分要求输入变量名，该变量用于存储输入的变量值。此处要输入的是一个整数，因此在提示文本部分可以输入："Please enter a value for variable a:"，用 a 来存储待输入的变量值，因此在下半部分的文本框中输入 a。对变量 b 进行相同的操作，并单击 Done 按钮，得到的结果如图 14-12 所示。

接下来使用一种新的符号—调用（Call），通过该符号可以调用一个能够完成特定功能的子过程，该子过程也被称为子函数。加入调用符号之后，效果如图 14-13 所示。

插入调用符号是为了调用一个子过程，在调用该子过程之前需要先定义它，要求该子过程能够完成两个整数的比较，并返回比较的结果。

定义子过程的方法如下：首先右击 main，如图 14-13 的箭头所示，在弹出的菜单中选择 Add Procedure 选项，弹出的对话框如图 14-14 所示。

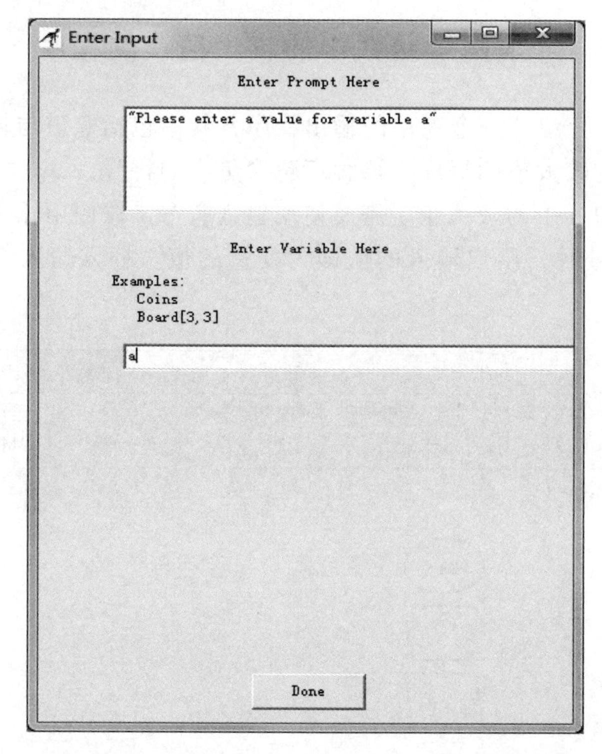

图 14-11 为输入符号输入提示文本和变量名

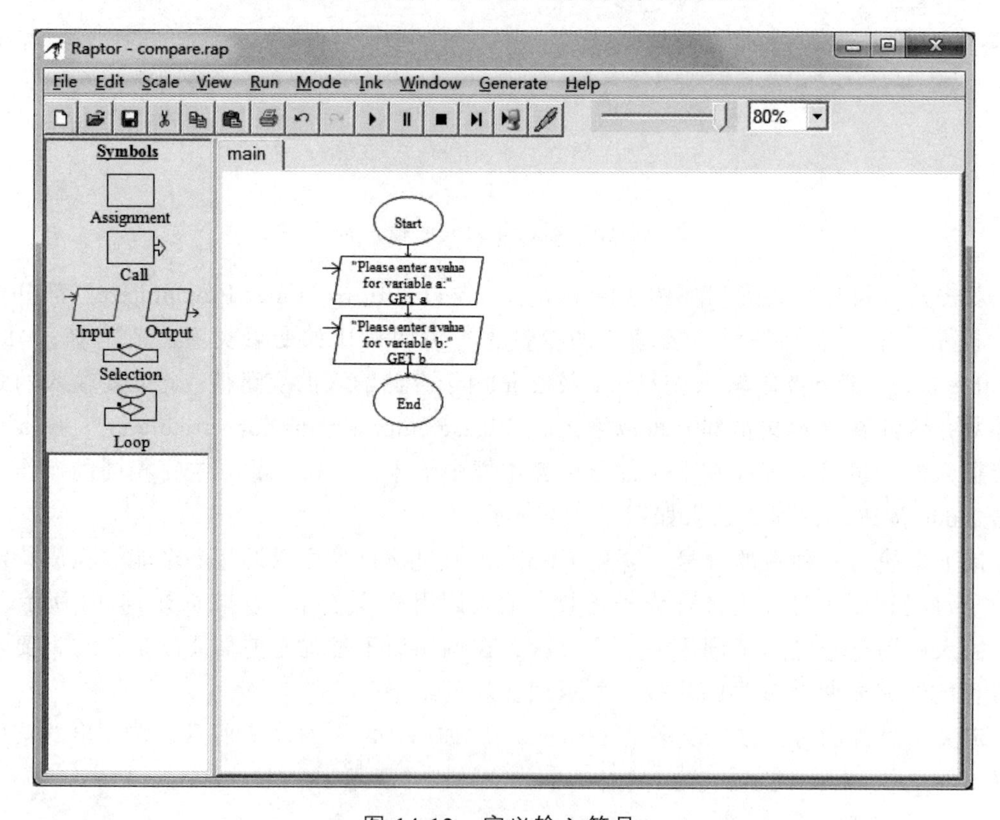

图 14-12 定义输入符号

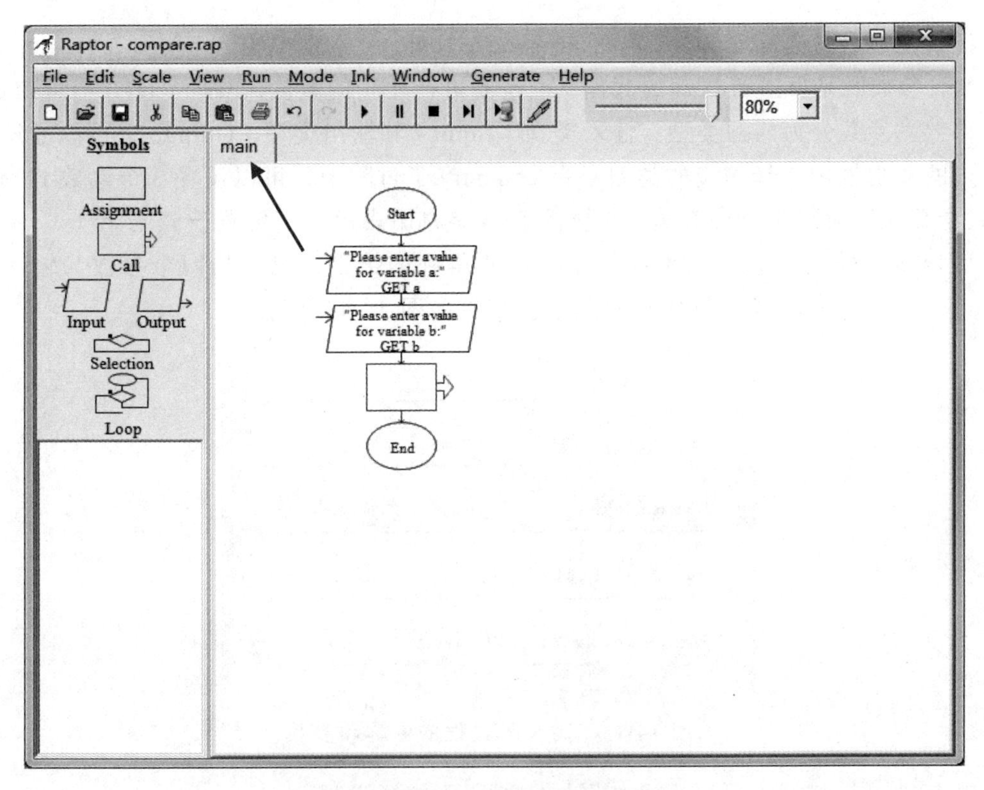

图 14-13　插入调用符号

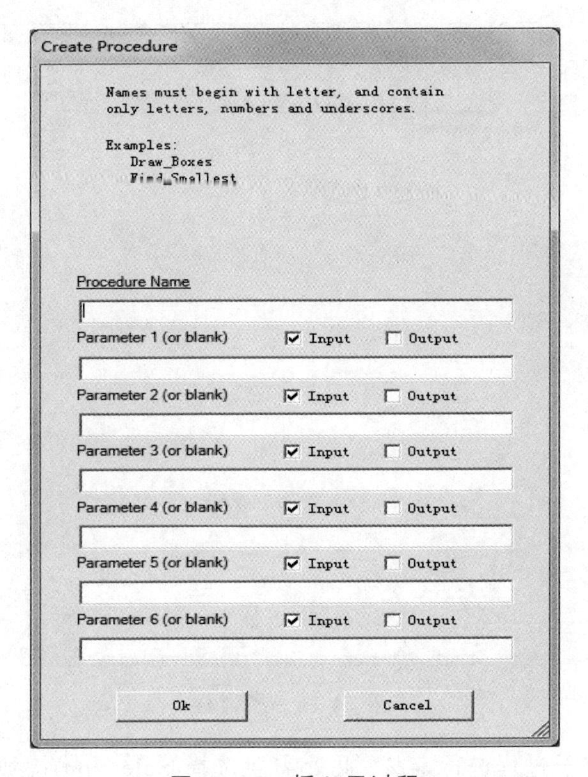

图 14-14　插入子过程

若子过程取名为 compare，则在 Procedure Name 文本框中输入 compare。compare 需要参数，参数既是要进行处理的数据，也是要进行比较的数值，Parameter1 ~ Parameter6 代表参数。参数分为两种类型：输入类型（Input）和输出类型（Output），可以通过在参数后边的复选框中选择相应的类型。在 compare 子过程中，可以设置 3 个参数 r、a 和 b（此处参数名称可以选择用其他的合法字符或字符串表示，不仅限于 r、a 和 b）。将第一个参数设置为输出类型，用于保存比较后所得到的结果；剩下的两个参数为输入类型（Input），用于保存将要进行比较的数值。结果如图 14-15 所示。

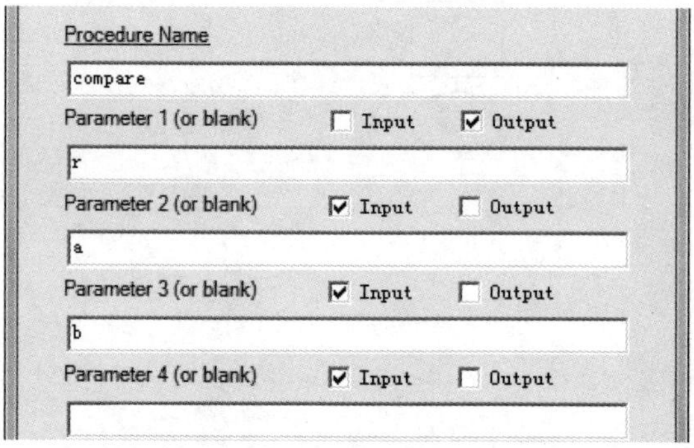

Procedure Name
compare
Parameter 1 (or blank) Input ☑ Output
r
Parameter 2 (or blank) ☑ Input Output
a
Parameter 3 (or blank) ☑ Input Output
b
Parameter 4 (or blank) ☑ Input Output

图 14-15　定义子过程的名称和参数

单击“Ok”按钮，可以得到如图 14-16 所示的子过程。

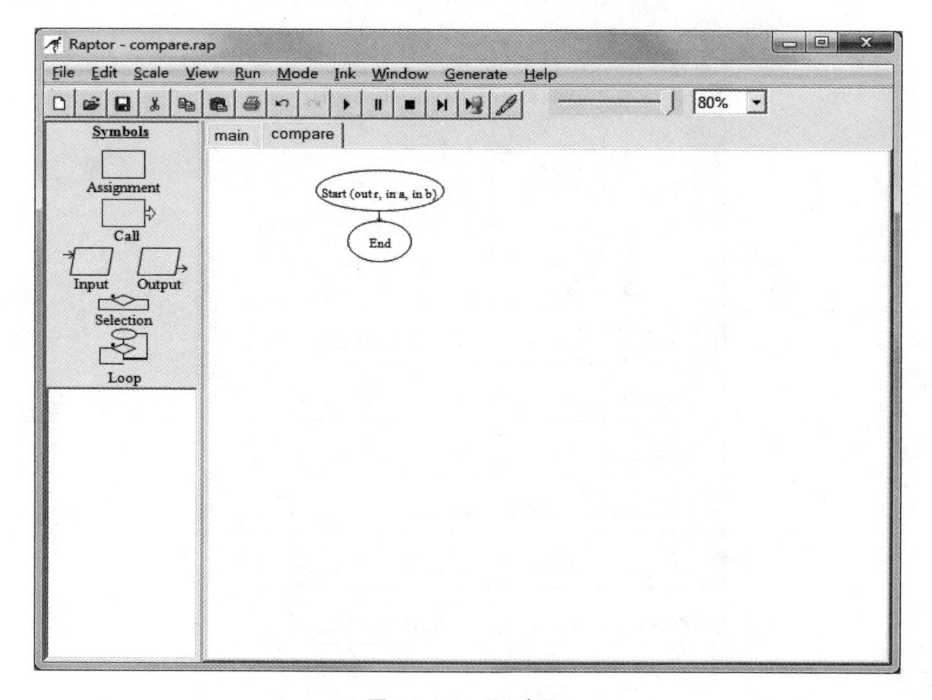

图 14-16　子过程

接下来需要对该子过程进行定义，此处需要选择(Selection)符号，因为进行的是比较操作，需要根据不同的情况进行转移。

单击选择（Selection）符号，将其拖拽到 Start 之后，双击选择符号中的菱形，弹出图 14-17 所示的输入选择条件窗口，在该窗口中需要输入分支条件，在此输入 a>b（当然也可以输入 a<=b，不同的选择对应的分支不同），单击“Done”按钮，结果如图 14-18 所示。

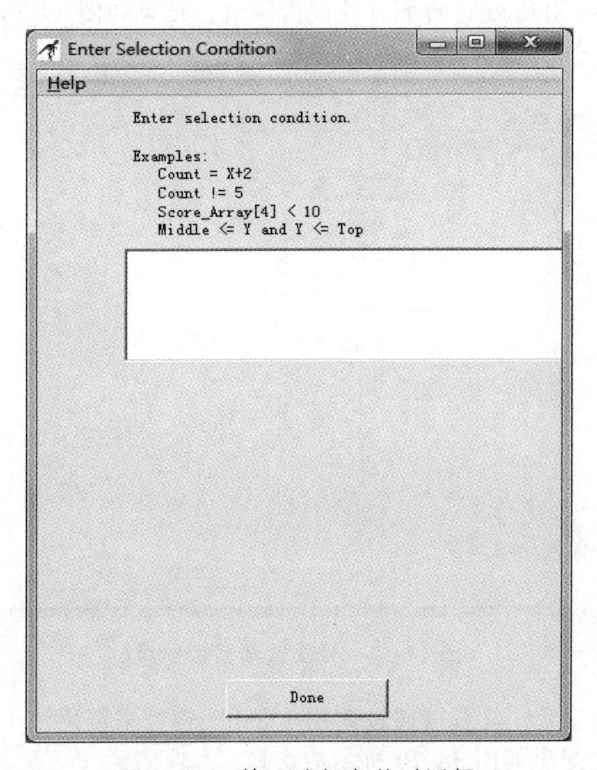

图 14-17　输入选择条件对话框

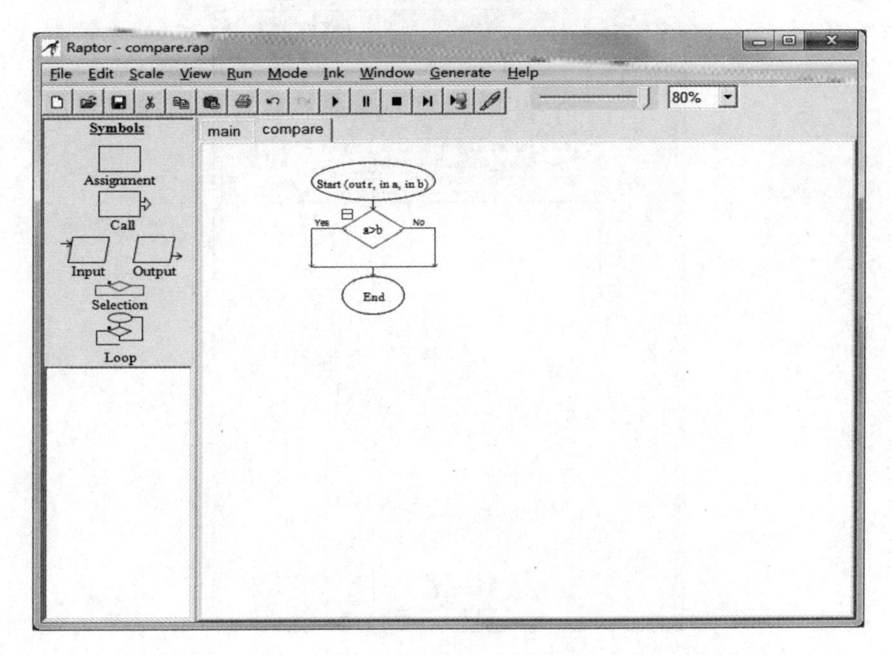

图 14-18　输入分支条件

在图 14-18 中，当 a>b 成立时，也就是对应左分支（Yes），此时较大值为 a，用 r 保存结果，因此要插入赋值符号并将 a 的值赋值给 r；当 a>b 不成立时，也就是对应右分支（No），此时也要插入赋值符号将 b 的值赋值给 r。单击赋值（Assignment）符号，将其拖曳到 Yes 和 No 对应分支的下方并进行赋值，结果如图 14-19 所示。

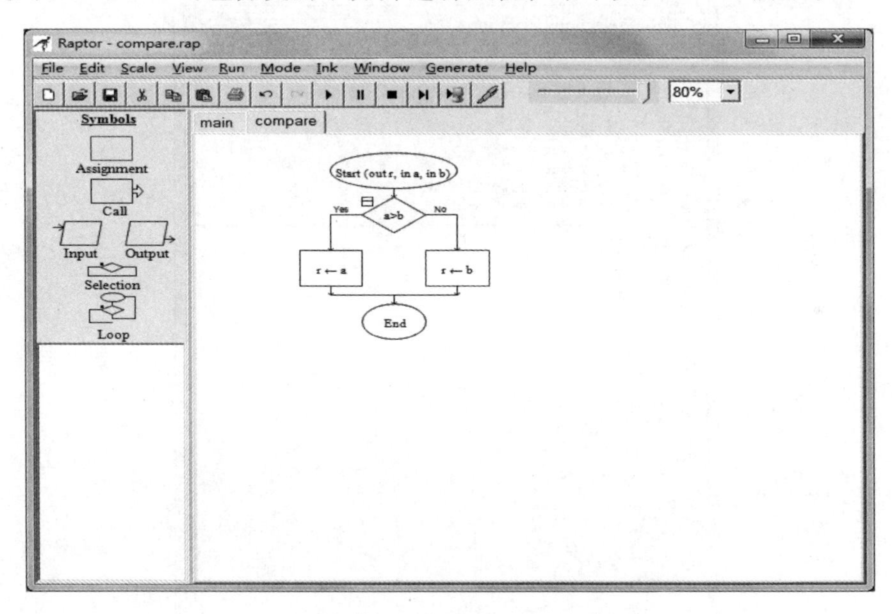

图 14-19　分支选择后的结果

定义好“子过程”后，就可以通过调用（Call）符号来调用该子过程。单击图 14-13 中的调用符号后，会弹出如图 14-20 所示的窗口。

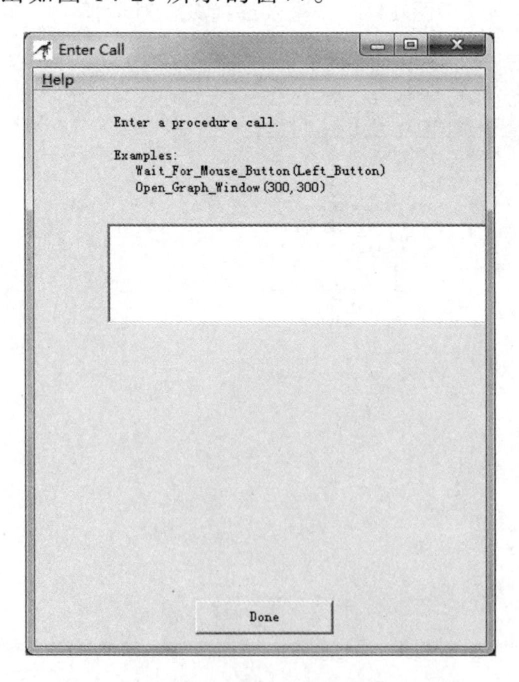

图 14-20　输入调用的子过程对话框

在图 14-20 中要求输入需要调用的子过程，此处要调用的是已经定义过的 compare 子过程，在图 14-20 中可以看到提示，最开始的部分是子过程的名称（如 Open_Graph_Window），括号里边的内容是子过程的参数。这里要注意的一点是参数匹配，参数匹配包括参数个数、参数顺序和参数类型的匹配。输入 compare(m,a,b)，单击“Done”按钮，得到的结果如图 14-21 所示。

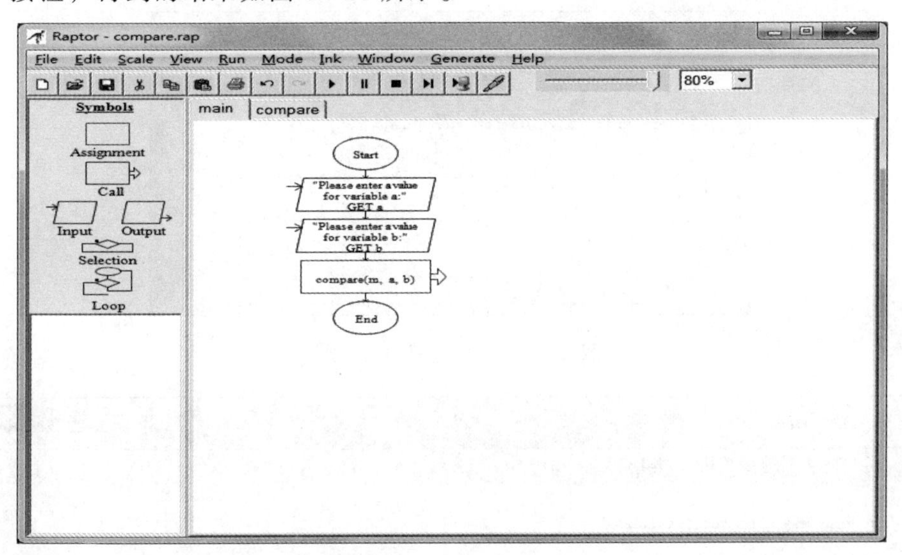

图 14-21　调用子过程

在 compare(m,a,b)中，m 对应的是子过程中的 r，而 r 是用来存储输出结果的，在调用子过程结束时，会将 r 的值传递给 m。最后定义一个名为 result 的变量来存储最终的结果并将其输出，因此需要插入赋值符号，并将 m 的值赋给 result 并输出 result，这也就是我们最终要得到的完整 Raptor 程序，结果如图 14-22 所示。

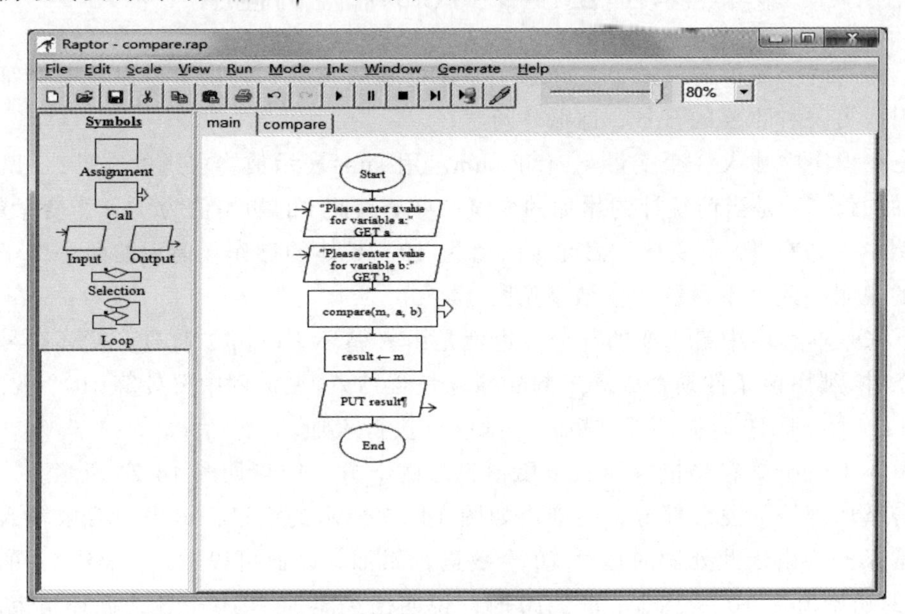

图 14-22　完整的程序

单击运行程序按钮，当程序执行到第一个输入符号时，会弹出如图 14-23 所示的输入变量对话框，这里要求输入 a 的数值（可以输入一个整数，比如 8），输入数值后，单击 OK 按钮，程序会继续向下执行（后边会遇到要求我们为 b 输入数值）。观察程序的运行过程，可以看到对子过程的调用。最终的运行结果如图 14-24 所示。

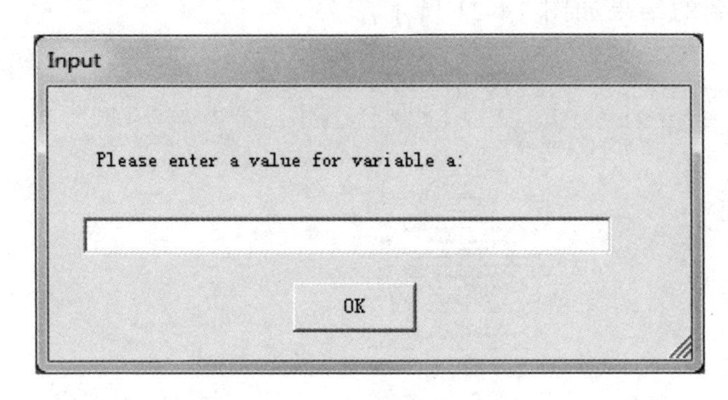

图 14-23 为变量输入数值

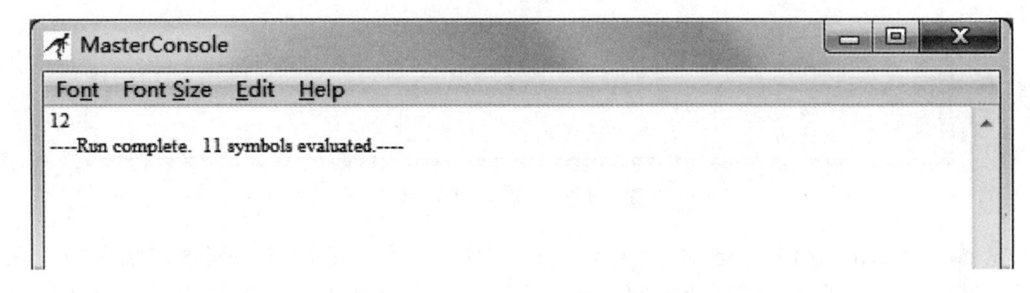

图 14-24 变量 a 为 8，变量 b 为 12 时程序的运行结果

14.4.4 编写“求 1+2+3+…+10 的和”的程序

在上面的两个简单的例子中，介绍了基本的输入符号、输出符号以及选择符号，在本例中引入另一种重要的符号，即循环符号。

首先在程序中加入 3 个变量 i、j 和 sum，用 sum 表示最终求得的结果；i 既是当前进行累加的值，又是当前统计的累加的变量个数，因此 i 的初始值为 1；j 为变量的总数，因为本例中一共有 10 个变量，因此 j 的值为 10。具体的操作在前面的两个例子中都有过详细的说明，此处不再赘述。结果见图 14-25。

接下来是本程序中最重要的部分，也就是引入循环（Loop）符号。循环符号需要一个判断条件，利用该条件是否成立来判断循环是否结束。在该例中要计算 10 个数的累加，因此当 i 的值大于 10 时循环即结束，否则继续执行累加。

将循环（Loop）符号拖拽到 sum 赋值符号的下方，结果如图 14-26 所示。

双击循环符号的菱形部分，会弹出如图 14-27 所示的窗口，该窗口要求输入循环是否结束的条件，由于此处做的是对 10 个数进行累加，因此可以输入“i>j”（i 的初始值为 1，j 的初始值为 10）。当 i>j，即 i>10 时，说明已经累加了 10 个数，循环结束。

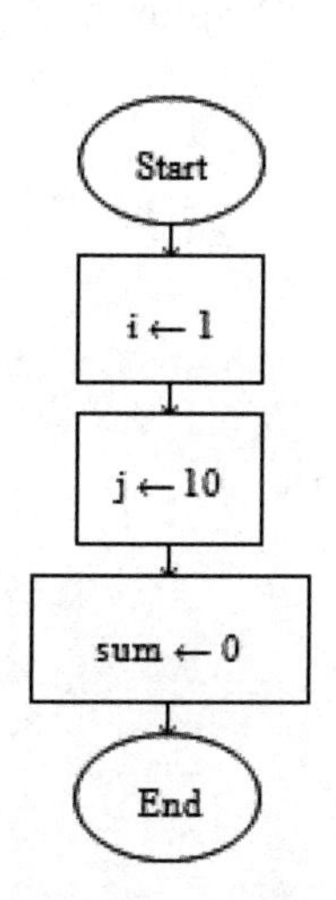

图 14-25　给三个变量赋值

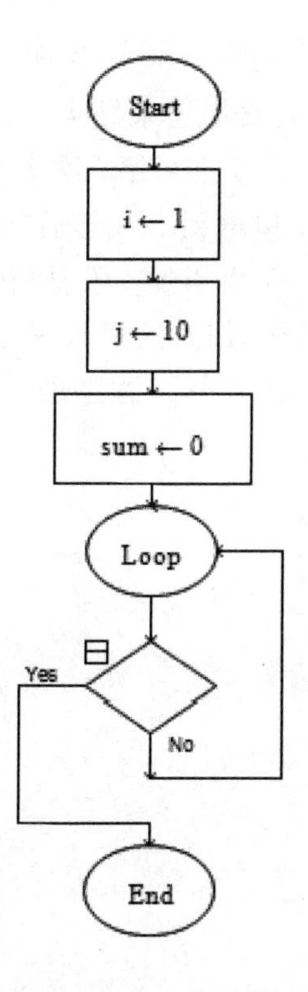

图 14-26　加入循环符号

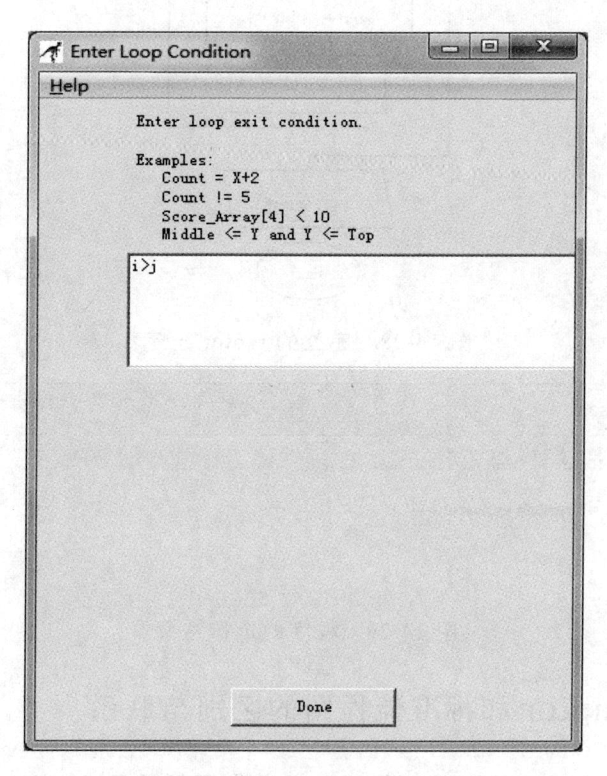

图 14-27　输入循环结束条件

当 i>j 时（即 i>10），说明已经进行了 10 次累加，循环结束，并输出计算结果；如果 i<=j，那么累加还未结束，接下来要继续进行累加。累加的实现方式如下：首先，sum=sum+i，这是进行第 i 次累加，在进行第 i 次累加之前，sum 存储的是前 i-1 次累加的结果(i 从 1 递增到 i-1),然后加上 i，即可得到前 i 次累加的结果；其次，因为下一次要进行的是第 i+1 次累加，还要判断 i 的值是否大于 j 以确定循环是否继续进行，因此还要执行 i=i+1 操作。加入这两步操作并输出 sum 即可得到完整的 Raptor 程序。完整的 Raptor 程序如图 14-28 所示。程序的运行结果如图 14-29 所示。

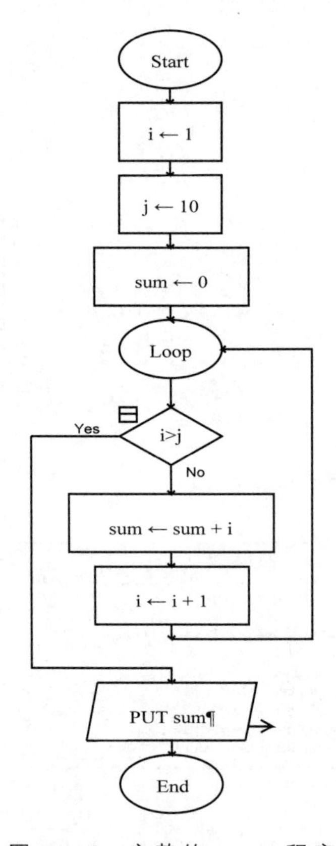

图 14-28　完整的 raptor 程序

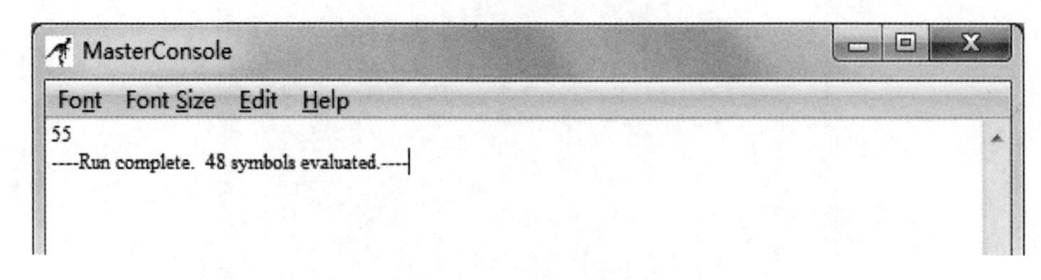

图 14-29　程序的运行结果

14.4.5 Raptor 和标准流程图的区别与联系

国标流程图的符号非常全，下面仅列出 5 种常用的符号，如表 14-1 所示。

表 14-1　国标流程图的几种常用书面表达符号

符　号	名　称	意　义
（圆角矩形）	开始或结束	流程图开始或结束
（矩形）	处理	处理程序
（菱形）	决策	不同方案选择
（平行四边形）	输入或输出	输入或输出数据
（箭头）	路径	指示路径方向

使用 Raptor 与国标流程图得出的计算 1+2+3+…+10 的程序如图 14-30 所示。

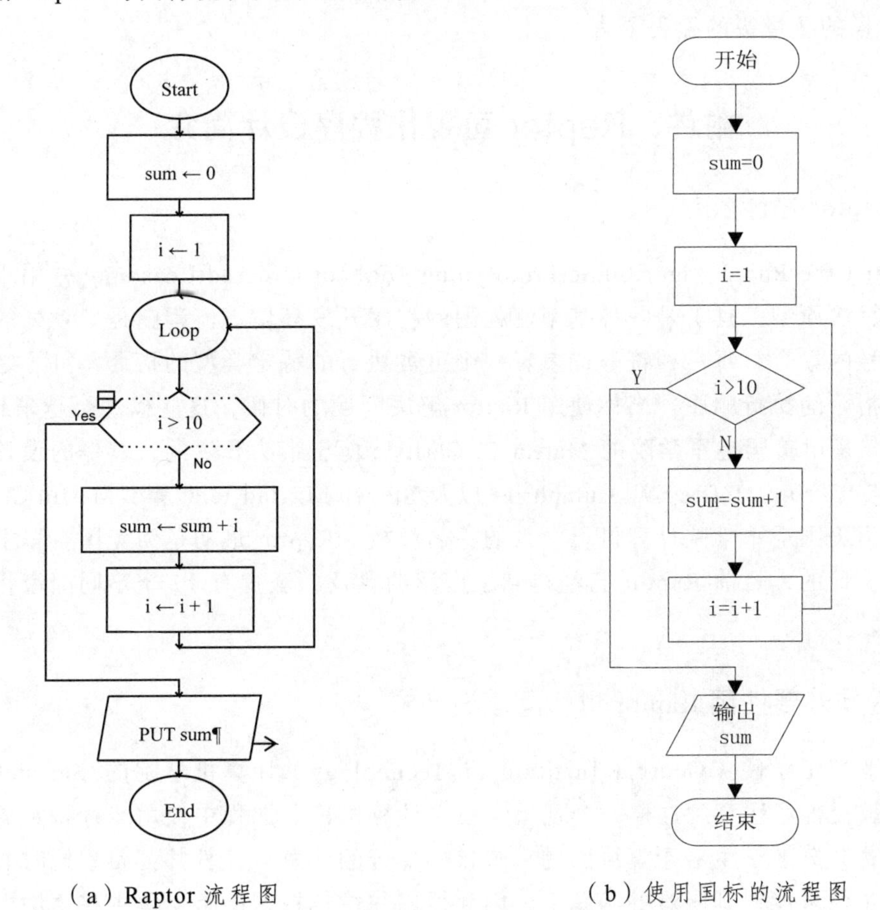

（a）Raptor 流程图　　（b）使用国标的流程图

图 14-30　两种流程图的对比

从图 14-30 中可以看出两种流程图的最大区别在于，Raptor 使用 Loop 控制循环，而国标流程图使用决策语句控制循环，另外，Raptor 使用的流程图符号比国标中的符号少。

14.5 实验总结

本实验要求学生学会使用 Raptor 进行程序设计。选择 Raptor 进行程序设计基于以下几个原因：

（1）Raptor 开发环境可以最大限度地减少编写出正确的程序所需要的语法要求。

（2）Raptor 开发环境是可视化的。Raptor 程序是一种每次执行一个图形符号的有向图，因此它可以帮助用户跟踪 Raptor 程序的指令流执行过程。

（3）Raptor 是为了便于使用而设计的，相较于其他的复杂的开发环境，Raptor 开发环境非常简单。

（4）对于初学者来说，使用 Raptor 进行程序设计时，出现的调试和报错消息更易于理解。

（5）使用 Raptor 的目的是进行算法设计和运行验证，这个目标不要求你了解像 C++ 或 Java 这样的重量级的编程语言。

附件：Raptor 可视化程序设计简介

1. Raptor 是什么？

Raptor（the Rapid Algorithmic Prototyping Tool for Ordered Reasoning，用于有序推理的快速算法原型工具）是一种基于流程图的程序开发环境。流程图是一系列的可连接的图形符号的集合，每一种符号代表着一个可被执行的特定类型的指令，符号之间的连接决定了指令的执行顺序。当你使用 Raptor 解决问题的时候，这些概念会越来越清晰。

Raptor 是由美国空军学院的 Martin C. Carlisle 博士带头开发的，其他的设计人员包括 Terry A. Wilson、Jeffrey W. Humphries 以及 Steven M. Hadfield 等，Martin C. Carlisle 博士目前为美国空军学院计算机科学系的一名教授。Raptor 最初是为美国空军学院计算机科学系设计的，目前 Raptor 已经得到了广泛的普及，至少有 17 个不同国家将其应用于计算机教学。

2. 为什么要使用 Raptor 进行程序设计？

佐治亚理工学院（Georgia Institute of Technology）计算机学院的 Shackelford 和 LeBlanc 教授曾经注意到这样一个现象，在“计算概论”课程中使用一种特定的编程语言容易干扰并分散学生对于算法问题求解核心部分的注意力。教师都希望把时间用在他们认为学生最可能遇到困难的问题上，因此他们往往把授课的重点集中在语法上，这是他们希望学生能够克服的困难。（例如：在 C 语言环境中，错误的将赋值符号“=”当成了关系运算符“==”，或者在语句结束时忘记了加分号等）。

此外，北卡罗来纳大学的费尔德（Felder）教授认为，大多数学生是视觉化的学习者，而教师们往往倾向于提供口头讲授。研究发现，有 75% 到 83% 的学生为视觉化的学习者。因此，对大多数初学者来说，由于传统的编程语言或伪代码具有高度的文本化而非可视化的性质，无法为他们提供直观的算法表达框架。

Raptor 是为应对语法困难以及非视觉环境的缺陷而专门设计的，Raptor 允许学生通过连接基本的图形符号来创建算法，在 Raptor 环境中执行算法，还可以观察算法的每一步的执行过程。通过 Raptor 环境，可以观察当前的程序执行到了哪个部分，可以看到所有的变量当前的内容。此外，Raptor 还提供了一个基于 AdaGraph 的简单图形库，学生借助该图形库，不仅可以将算法可视化，而且也可以将他们要解决的问题可视化。

Martin C. Carlisle 教授曾为美国空军学院的学生讲授“计算概论”课程，该课程设计有 12 个学时的算法内容，一开始的时候，这一部分是使用 Ada 95 和 Matlab 进行讲授的。从 2003 年夏季开始，他们改用了 Raptor 讲授这一部分课程。在最后的结课考试中，他们跟踪了需要学生设计算法来解决的三个问题，学生可以使用任何方式来表达他们的算法（Ada，Matlab，流程图等）。在这样的前提下，他们发现学生们更喜欢使用可视化的描述，而且那些学习过使用 Raptor 进行算法设计的学生在考试中发挥得更加出色。

实验 15　分支和循环结构程序设计

15.1　实验目的

（1）掌握 Raptor 中赋值、输入、输出、过程调用、选择、循环 6 种符号的使用方法。
（2）能够设计顺序、选择、循环结构的简单程序。
（3）掌握同一问题不同程序的性能及效率。

15.2　实验要求

（1）认真复习实验 14 的内容，熟悉可视化计算工具 Raptor 的运行环境。
（2）阅读本教材配套教材“第 6 章 算法和程序设计”的内容。
（3）查看 Raptor 帮助文档，了解子函数使用方法。

15.3　实验内容

（1）热身实验——选择结构程序设计。
（2）热身实验——循环结构程序设计。
（3）程序的性能分析。
（4）进阶实验——求平方根的“亚历山大的海伦算法”。
（5）用顺序结构编写对两个正整数求和的程序。
（6）用选择结构编写求“两个整数较大值的判定”程序。
（7）设计一个循环结构的程序，计算 1+2+3+…+10 的结果。
（8）设计一个程序，判断三个整数 a、b 和 c 的最大值。
（9）比较两个循环嵌套程序的效率。
（10）综合实验（选做）。

15.4　实验步骤

15.4.1　热身实验——选择结构程序设计

给定分段函数 $y=\begin{cases}1, & x\leqslant 0\\ 2, & 0<x\leqslant 2\\ 3, & x>2\end{cases}$，程序如图 15-1 所示，请回答以下问题：

问题 1：选择语句“x<=0”的 No 分支和“x<=2”的 Yes 分支各表示什么？

问题 2：在 $x \leqslant 0$，$0 < x \leqslant 2$ 和 $x > 2$ 的范围内为 x 各取一个值，分别模拟程序的运算过程。

问题 3：在 End 处添加“程序结束”注释。

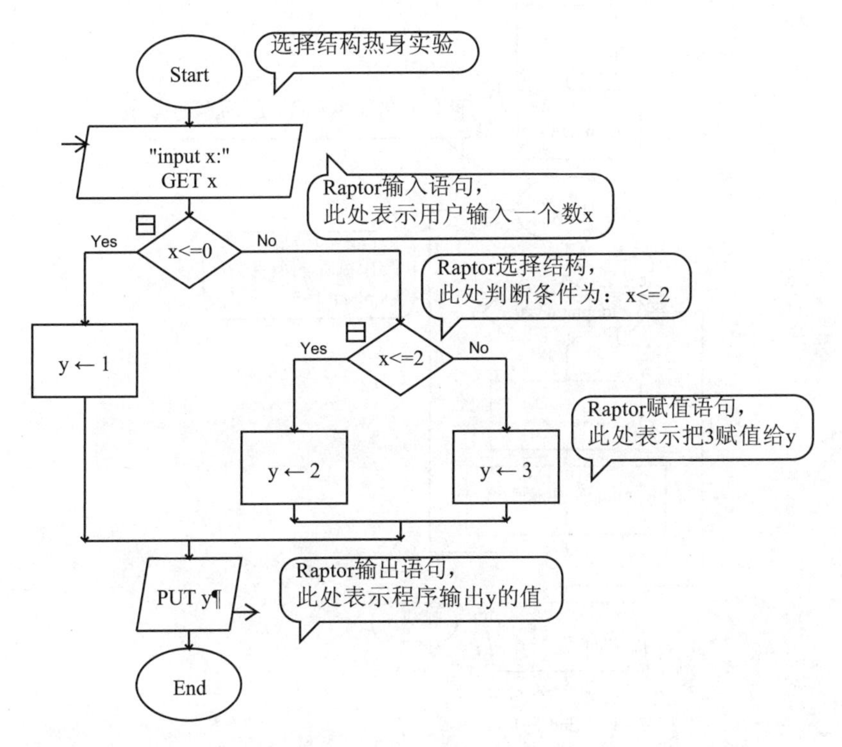

图 15-1　分段函数计算案例

选择结构问题参考答案：

问题 1:“x<=0”的 No 分支表示 x>0;“x<=2”的前提条件为 x>0,Yes 分支表示 0<x<=2;

问题 2:y=1 的前提条件是 x<=0,y=2 的前提条件是 0<x<=2,y=3 的前提条件是 x>2,为 x 赋值－1、1 和 3 后分别输出 1、2 和 3。

问题 3：右键点击 End 语句，在列表中选择注释功能，在弹出的对话框中输入“程序结束”，左键点击完成按钮即可。

15.4.2　热身实验——循环结构程序设计

给定循环结构示例程序如图 15-2 所示，请回答以下问题：

问题 1：模拟程序运行，说明该程序的功能。

问题 2：删除赋值语句“$loopnum \leftarrow loopnum-1$”，查看程序的变化。

问题 3：更改赋值语句“$loopnum \leftarrow loopnum-1$”为“$loopnum \leftarrow loopnum+1$”，查看程序的变化。

问题 4：结合问题 2 和 3，思考程序跳出无限循环的必要条件。

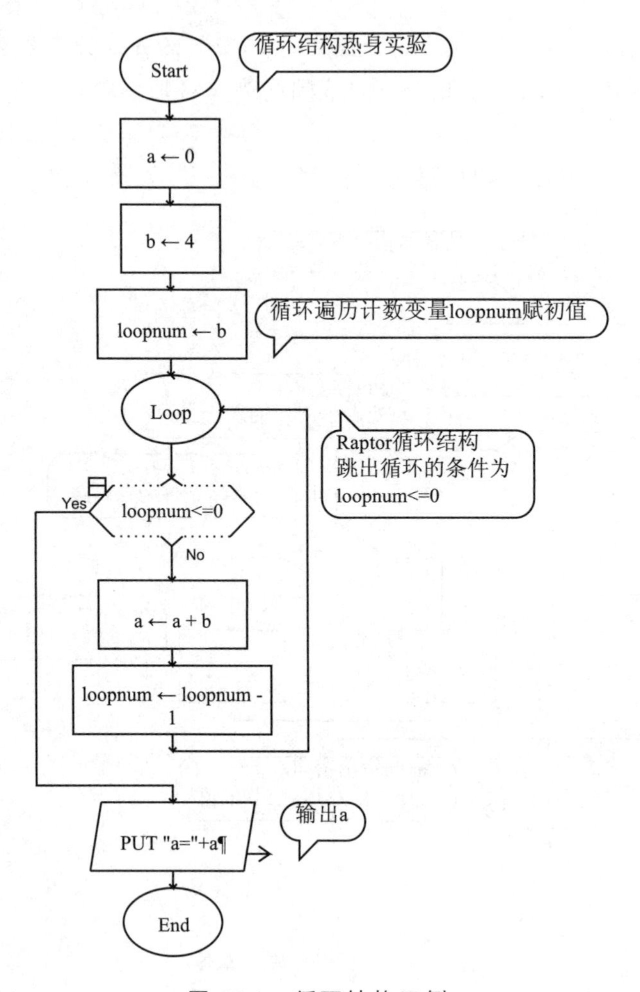

图 15-2 循环结构示例

循环结构问题参考答案：

问题 1：该程序功能为输出公式 a=b*b 的结果。

问题 2：由于缺乏循环判断参数，程序进入无限循环。

问题 3：由于循环判断参数与跳出循环条件差值越来越大，程序进入无限循环。

问题 4：由图 15-2 可知，循环判断条件为“loopnum< = 0”，loopnum 的初始值为 4。问题 2 中，由于删除赋值语句“loopnum←loopnum – 1”，任意一次循环后，与阈值 0 的差值保持不变，程序将进入死循环。问题 3 中，更改赋值语句“loopnum←loopnum – 1”为“loopnum←loopnum + 1”后，循环变量与阈值 0 的差值越来越大。比如，第一次循环后，循环变量与阈值 0 的差值从 4 变为 5。结合问题 2 和 3，程序跳出无限循环的必要条件为 loopnum< = 0，每执行一次循环体，循环变量应更接近阈值。

15.4.3 程序的性能分析

某公司面试要求写一个程序，计算当 n 很大时 1 – 2+3 – 4+5 – 6+7+…+n 的值。图 15-3

（a）和图 15-3（b）是求解该问题的两个程序，请回答以下问题：

问题 1：读懂两个程序，说明两个程序的设计思路。

问题 2：请给出公式 $F(n)$=1-2+3-4+5-6+7+⋯+n 的递推公式。

问题 3：把调用 Raptor 任意一种基本符号都当作一次计算开销，请计算当 n = 5 时两个程序各自的计算开销。

问题 4：当 n 非常大时，请分别估算图 15-3（a）和图 15-3（b）的计算开销。

问题 5：对比分析两个程序，在程序可读性上给出你的看法。

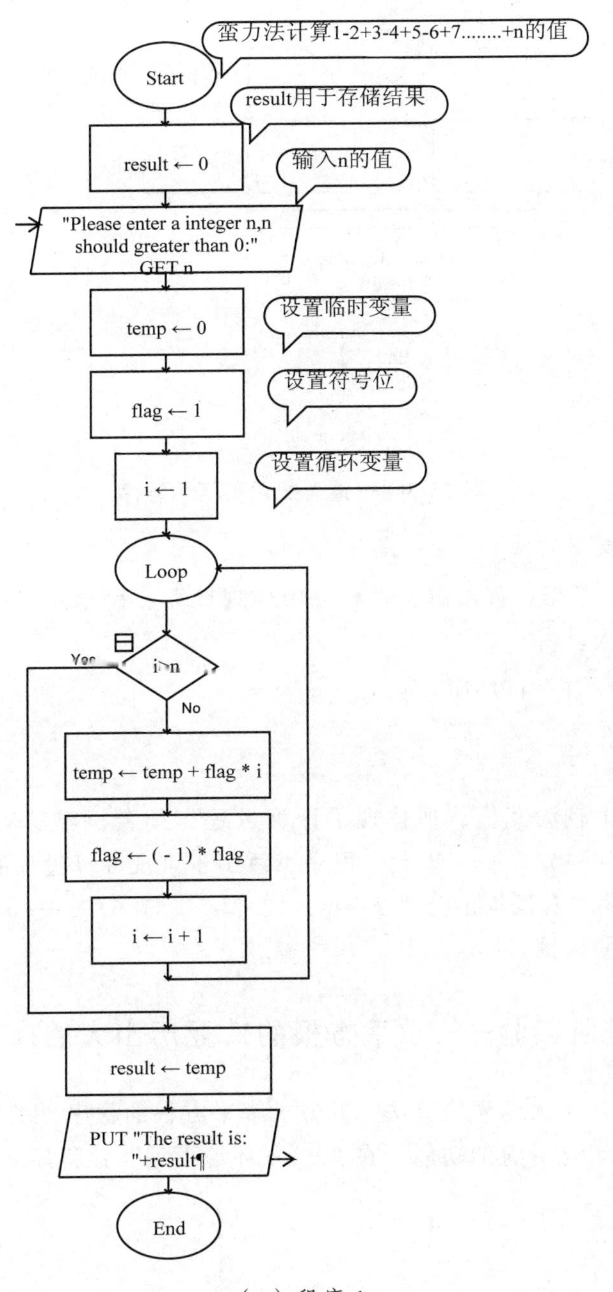

（a）程序 1

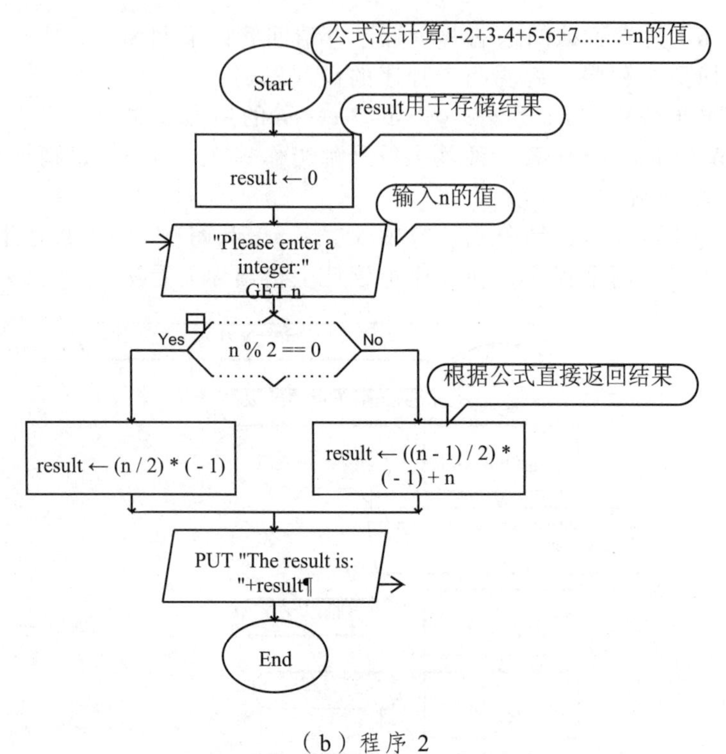

（b）程序 2

图 15-3　一道面试题的两个程序

性能分析问题参考答案：

问题 1：程序 1 基于过程求解，在程序中体现计算过程。程序 2 基于结果求解，在程序中体现计算结果。

问题 2：$F(n)=F(n-1)+(-1)^{n-1}\cdot n$

问题 3：28 和 5。

问题 4：$4n$+8 和 5。

问题 5：程序 1 较为冗长，但体现了计算过程，读者很容易从程序中反推出公式 $F(n)$=1 − 2+3 − 4+5 − 6+7+⋯+n。因此，程序 1 适用于重现计算过程的场景。程序 2 虽然简洁，但较难从程序本身反推出公式 $F(n)$=1 − 2+3 − 4+5 − 6+7+⋯+n。因此，程序 2 适用于对效率要求较高的场景。

15.4.4　进阶实验——求平方根的“亚历山大的海伦算法”

图 15-4 为“亚历山大的海伦算法”近似求解平方根的程序，查看 Raptor 帮助文档，了解 abs 函数和“^”运算符的功能，在 Raptor 环境下编写该程序并运行。

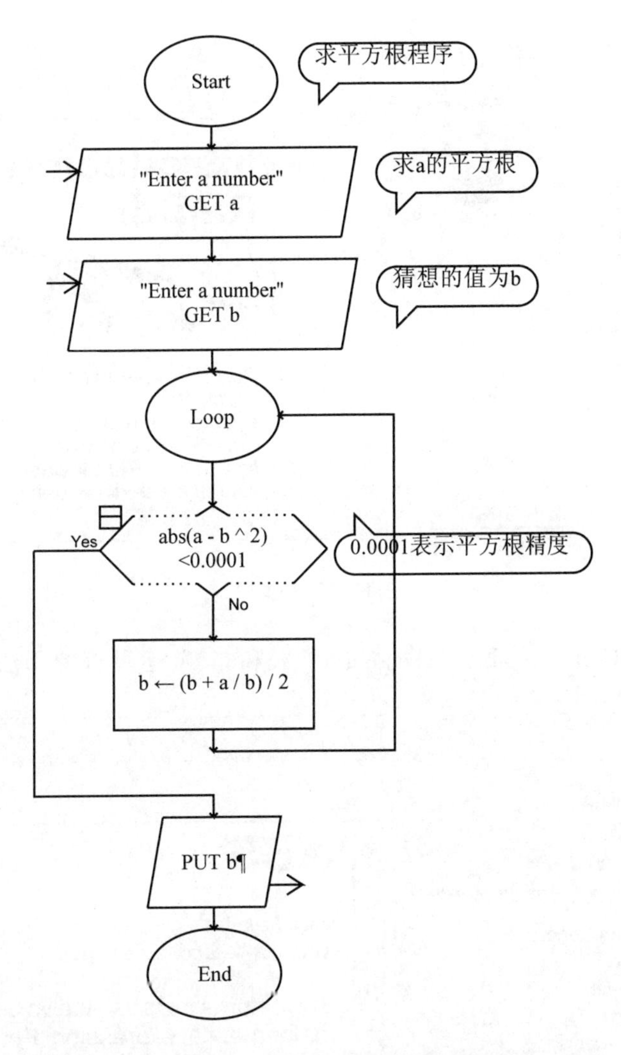

图 15-4　“亚历山大的海伦算法”求平方根示例

打开 Raptor 界面上侧 Help 列表，点击 General Help 选项，如图 15-5 和图 15-6 所示。

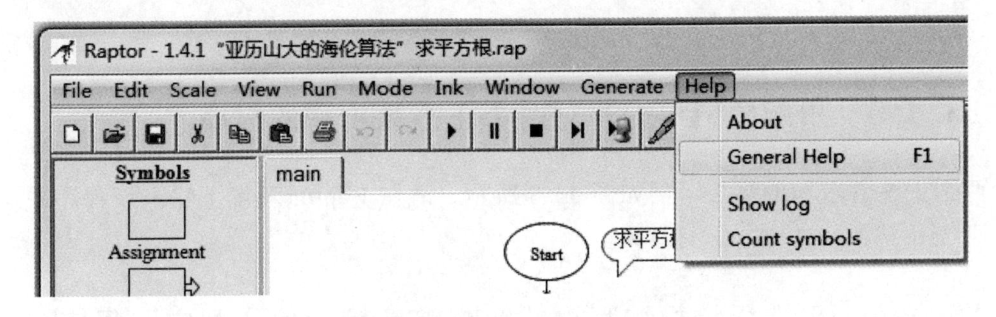

图 15-5　帮助文档下拉菜单

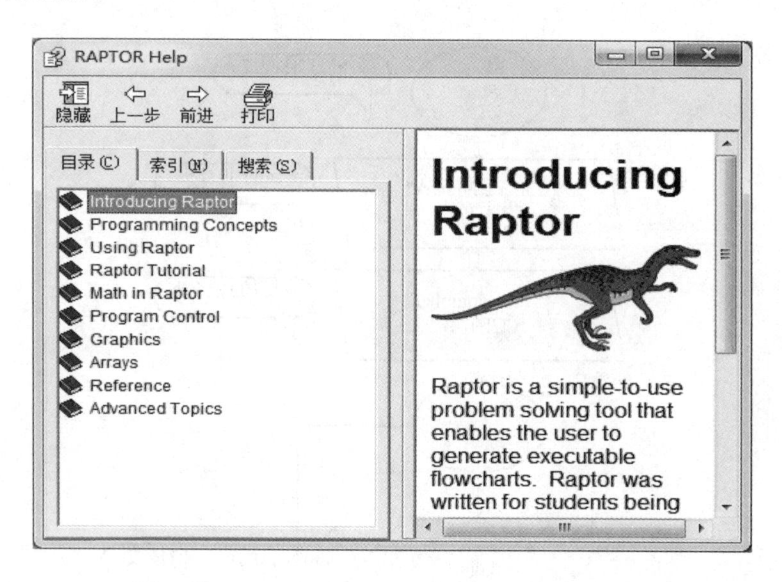

图 15-6 帮助文档

打开 Math In Raptor 一章，查找 abs( )函数和“^”运算符的用法，如图 15-7 所示。

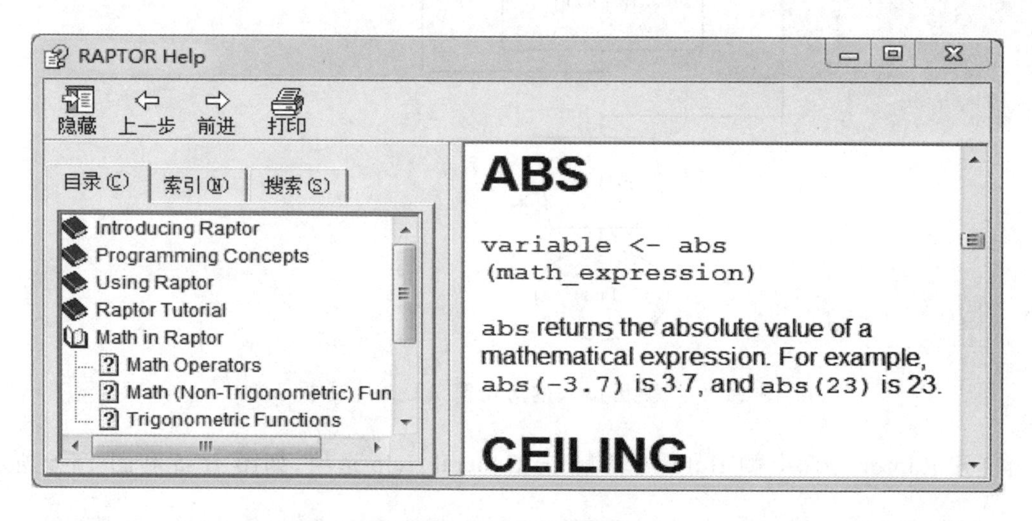

图 15-7 abs 函数说明

15.4.5 用顺序结构编写对两个正整数求和的程序

两个正整数求和的算法示例如图 15-8 所示，请在 Raptor 环境下输入该程序并运行，输入两个正整数，并查看运行结果。

15.4.6 用选择结构编写求“两个整数较大值的判定”程序

两个整数较大值的判定程序示例如图 15-9 所示，请在 Raptor 环境下输入该程序并运行，输入两个正整数，并查看运行结果。

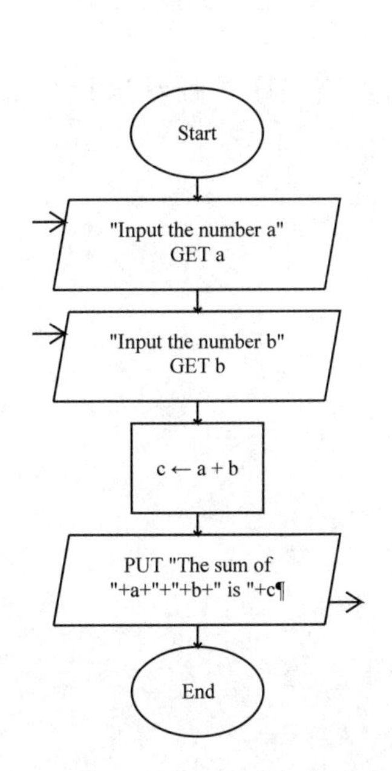

图 15-8　两个正整数求和的算法示例

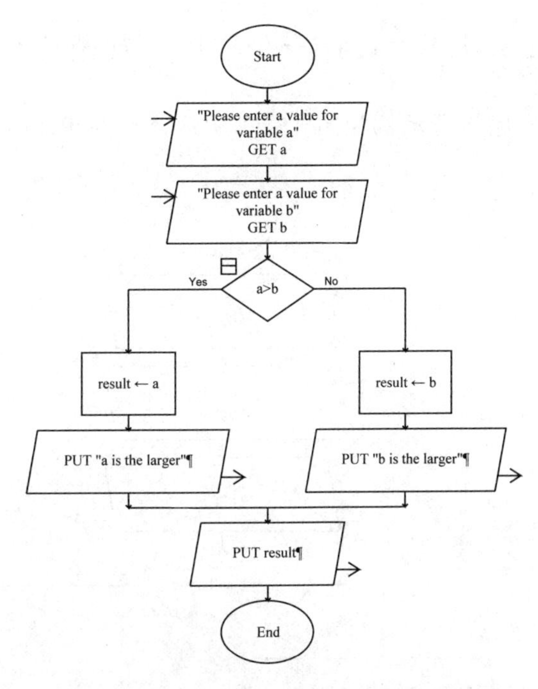

图 15-9　两个整数较大值的判定程序示例

15.4.7　设计一个循环结构的程序，计算 1+2+3+…+10 的结果

程序参考示例如图 15-10 所示，请在 Raptor 环境下输入该程序并查看运行结果。

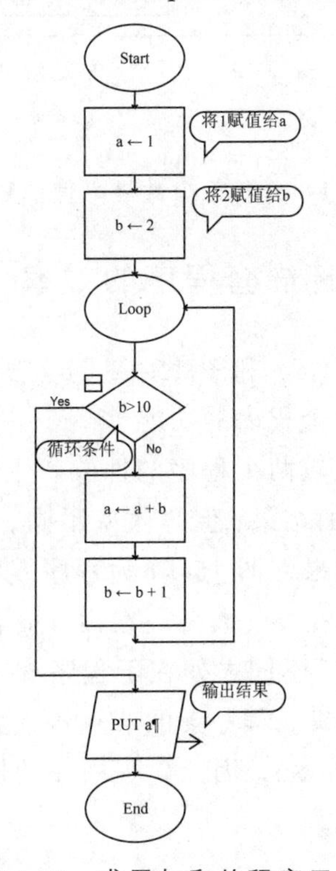

图 15-10　求累加和的程序示例

15.4.8 设计一个程序，判断三个整数 a、b 和 c 的最大值

程序参考示例如图 15-11 所示，请在 Raptor 环境下输入该程序并查看运行结果。

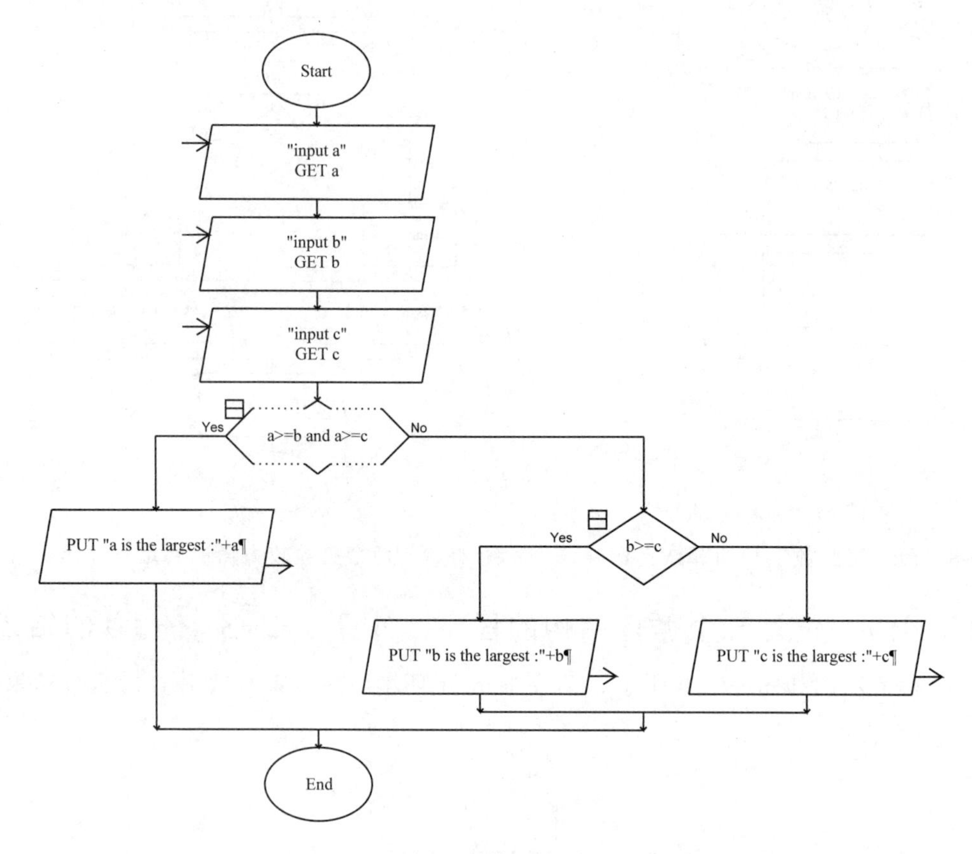

图 15-11　判断三个数最大值的程序示例

15.4.9 比较两个循环嵌套程序的效率

给定两个程序，如图 15-12（a）和图 15-12（b）所示。完成以下任务：

（1）输入两个程序并说明两个程序的功能。

（2）分别执行两个程序并比较两个程序的性能。

两个程序都是计算 10*100 的结果，但是效率不同，分别是 4067 次运算和 4607 次运算，图 15-13 为程序 a 的执行结果，图 15-14 为程序 b 的执行结果。

从结构上讲，程序 a 小循环在外、大循环在内，而程序 b 大循环在外、小循环在内。两者都是计算了 1000 次 k=k+1，不同之处在于程序 a 中 i 有 10 个分支，程序 b 中 i 有 100 个分支。从树的节点规模上讲，程序 a 的节点规模为 Sa=1+10+10*100，程序 b 的节点规模为 Sb=1+100+100*10。Sa<Sb，因此，程序 a 的性能优于程序 b。

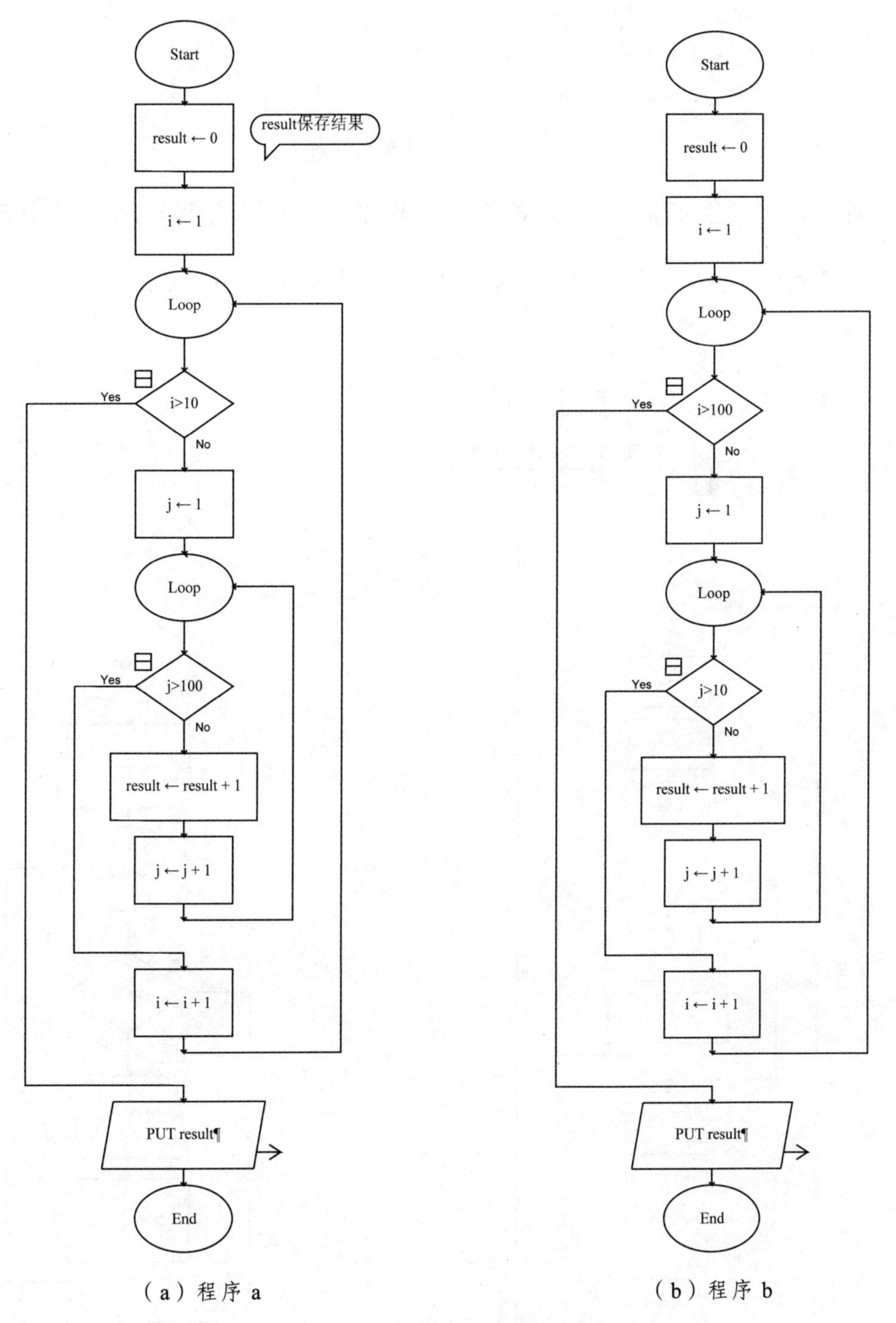

（a）程序 a　　　　（b）程序 b

图 15-12　两个循环嵌套程序

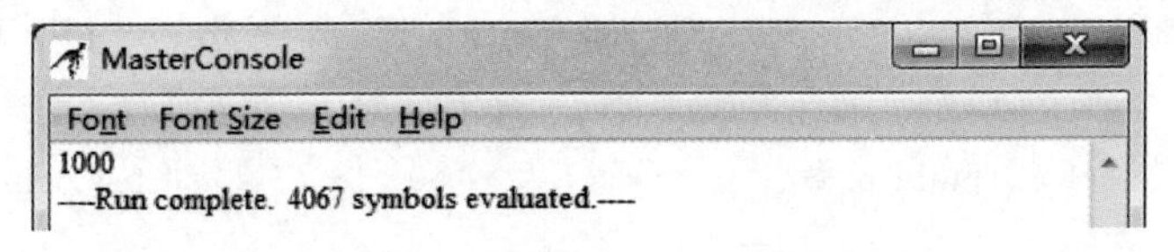

图 15-13　程序 a 的执行结果

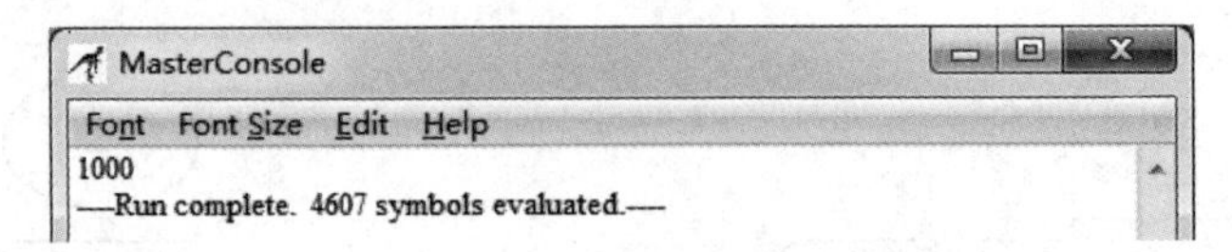

图 15-14 程序 b 的执行结果

15.4.10 综合实验——金字塔图形的输出（学习函数及函数调用方法）

设计一个程序，输出金字塔图形。输出的程序示例如图 15-15 所示。

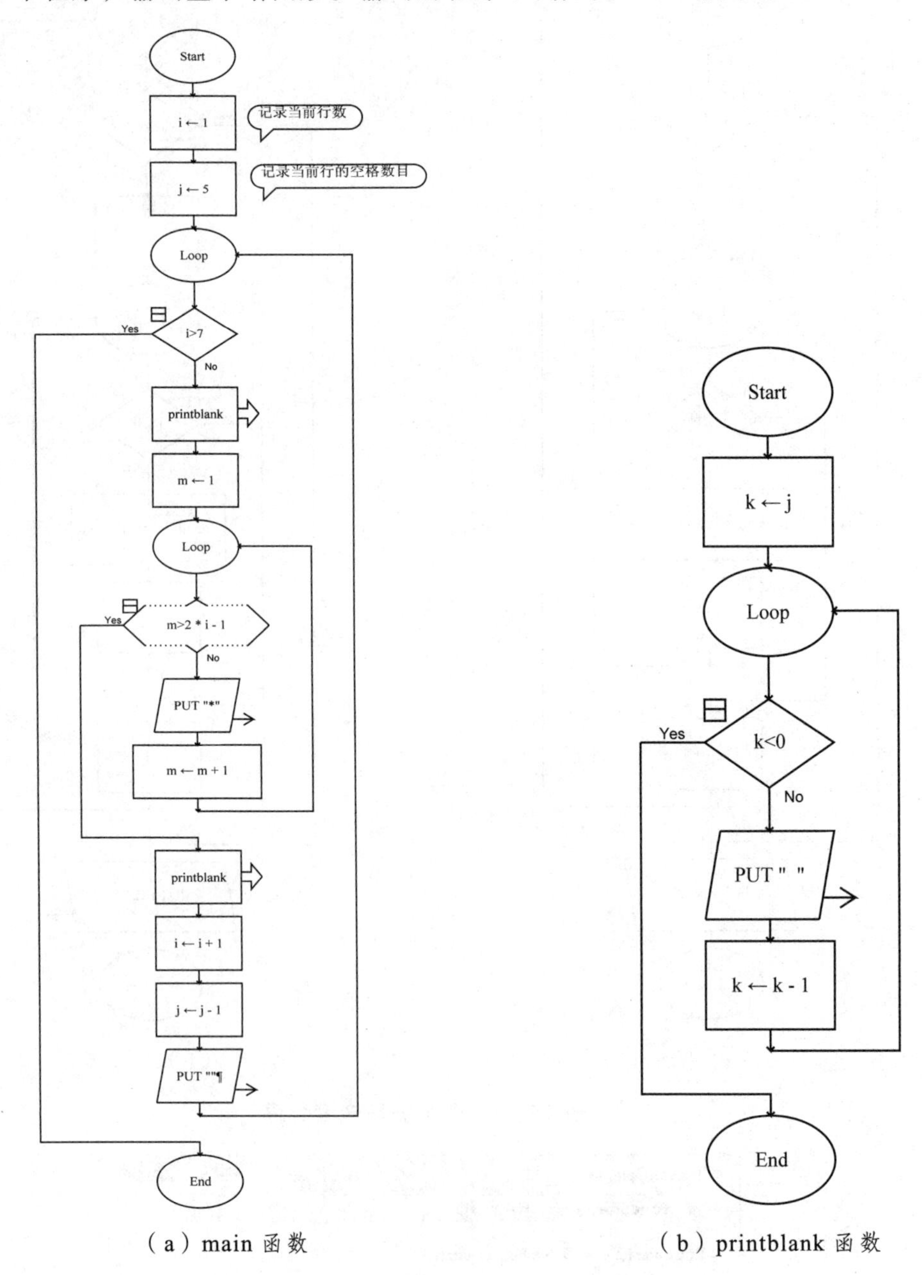

（a）main 函数 （b）printblank 函数

图 15-15 金字塔图形输出的程序示例

金字塔图形的输出结果如图 15-16 所示。

```
      *
     ***
    *****
   *******
  *********
 ***********
*************
```

图 15-16　金字塔图形

实验 16 Internet 基本应用

16.1 实验目的

（1）熟悉使用浏览器浏览网上信息。
（2）掌握网上资料的查找及信息保存的方法。
（3）掌握电子邮件的收发。
（4）了解电子地图、网盘等网络应用。

16.2 实验内容

（1）使用 IE 浏览器浏览网上信息。
（2）网上资料的查找。
（3）信息保存的方法。
（4）设置 Internet Explorer 浏览器。
（5）电子邮箱申请及收发邮件。
（6）电子地图的使用（拓展实验）。
（7）网盘的使用（拓展实验）。

16.3 实验步骤

1. 使用 Internet Explorer 浏览器

浏览中国教育和科研计算机网中自己关心的信息，并将中国教育和科研计算机网进行收藏。

操作步骤如下：

（1）双击桌面上的“Internet Explorer”图标，在打开的 IE 浏览器窗口中的地址栏内输入需要访问的网站域名，如输入“http://www.edu.cn”，即可打开如图 16-1 所示的中国教育和科研计算机网。

（2）浏览 IE 浏览器上的文章标题，选择自己感兴趣的标题文字，将鼠标指向该文字，当鼠标指针变成小手形状“☝”时单击，即可通过标题文字的超级链接打开新窗口，浏览标题相关的详细信息。

图 16-1 “中国教育和科研计算机网”主页

（3）单击“查看收藏夹、源和历史记录（Alt+C）”按钮，点击“添加到收藏夹”，如图 16-2 所示，在“创建位置”中选择存放的路径，点击“添加”按钮就完成收藏夹的添加工作了。

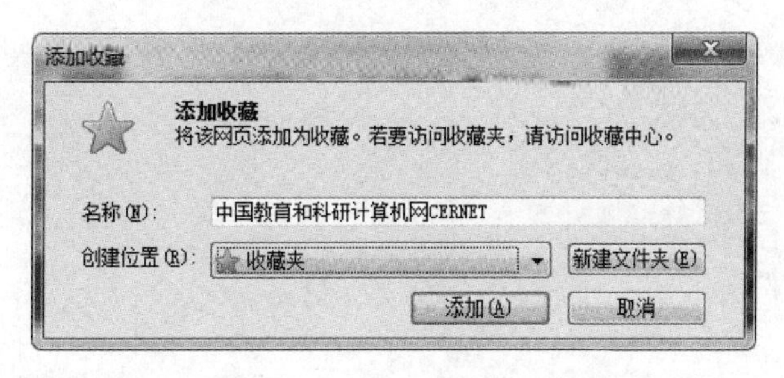

图 16-2 “添加到收藏夹”对话框

2. 利用搜索引擎查找资料

检索全国计算机等级考试的时间，并在学校提供的中文科技期刊数据库的镜像站点中搜索计算机应用基础相关的论文并下载。

操作步骤如下：

（1）打开 IE 浏览器窗口，在地址栏中输入 http://www.baidu.com，打开“百度”搜索引擎首页，如图 16-3 所示。

图 16-3 “百度”搜索引擎首页

（2）在图中搜索框处输入“计算机等级考试时间”，单击“百度一下”按钮，搜索引擎将找到的信息按关键词出现的频率排列出来，如图 16-4 所示。用户单击显示的信息链接，即可打开相应的网页窗口查看。

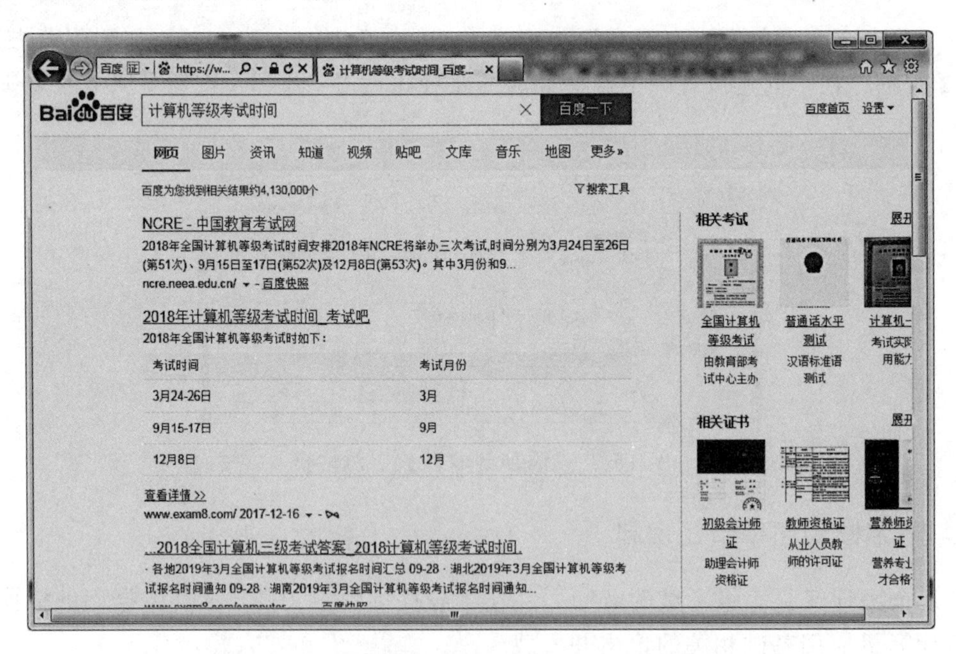

图 16-4 “计算机等级考试时间”的相关网页

（3）登录校园网首页，选择打开“图书馆”栏目，在“数据资源”中选择打开“维普数据库”，进入中文科技期刊数据库的镜像站点，如图 16-5 所示。

图 16-5　中文科技期刊数据库站点

（4）在中文科技期刊数据库镜像站点“快速检索”栏目的“检索项”中输入“计算机应用基础”，单击“搜索”按钮，就可以检索到名称中带有“计算机应用基础”关键词的文章，如图 16-6 所示。

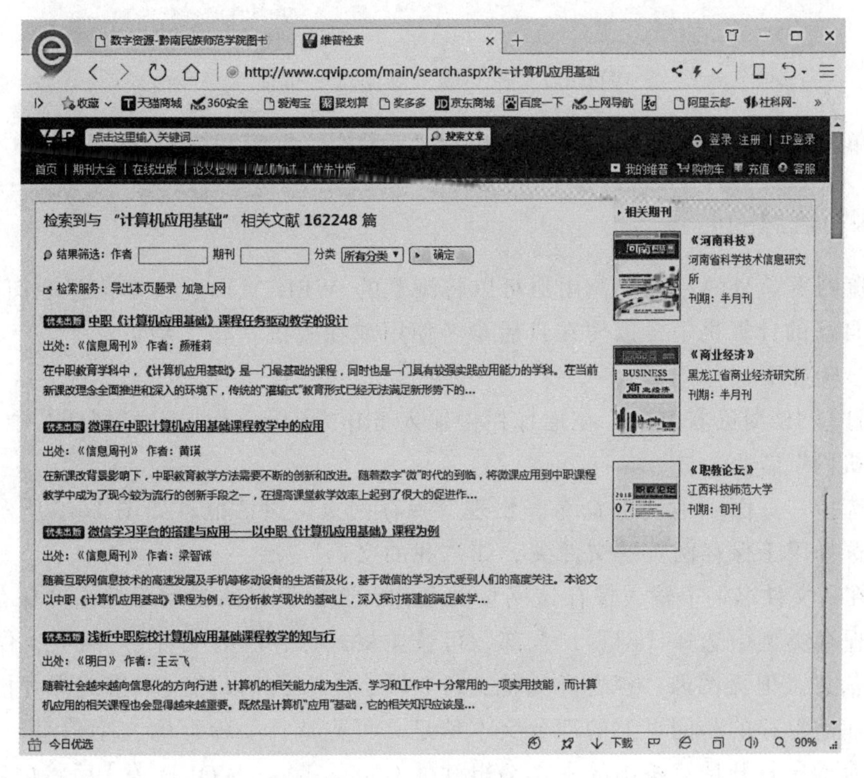

图 16-6　“计算机应用基础”相关的论文

（5）选择列表中的“微课在中职计算机应用基础课程教学中的应用”，可打开论文题录细阅格式页面，如图 16-7 所示，查看论文相关信息。

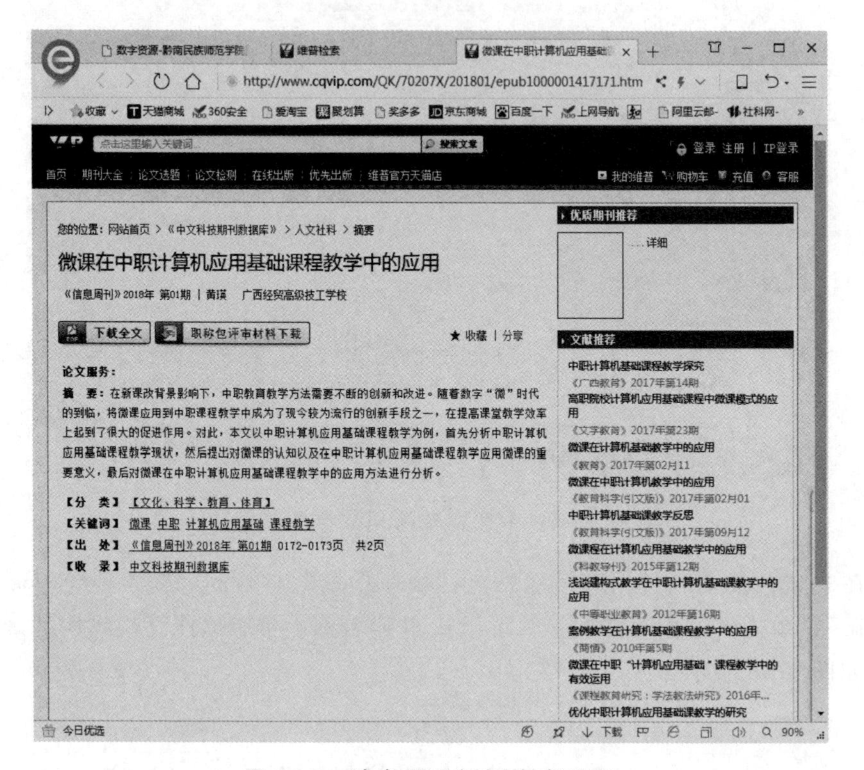

图 16-7 论文题录细阅格式页面

（6）单击“下载全文”按钮，在打开的“下载全文”窗口选择文件下载。

3. 网页信息的保存

在浏览网页信息的过程中，用户可以将浏览的 WEB 页面、文本信息或图片图形信息保存在自己的计算机中，以便在日后参考使用或在脱机状态下浏览。

操作步骤如下：

（1）打开 IE 浏览器窗口，在地址栏中输入 http://www.edu.cn/ ，打开“中国教育和科研计算机网”首页。

（2）选择“页面|另存为”命令，出现“保存网页”对话框，如图 16-8 所示。

（3）选择用于保存网页的文件夹，如“我的文档”。

（4）在“文件名”中输入保存该网页的名称，选择保存的类型后单击“保存”按钮。

注：保存类型中选择“网页，全部”可按原格式保存所有文件；“网页，仅 HTML”保存网页信息，但无图像、声音和其他文件；“文本文件”以纯文本格式保存网页信息。

（5）如需保存的是网页上的部分文本信息，可先选择要保存的文字信息，选择“编辑|复制”命令，打开计算机中的文本编辑软件（如写字板、WORD 等）后将内容“粘贴”到编辑的文档中。

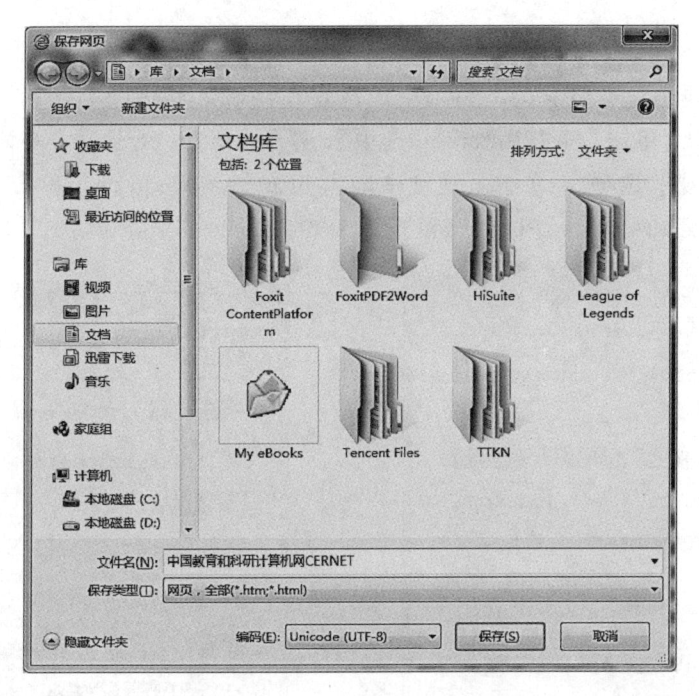

图 16-8 “保存网页”对话框

（6）如需保存的是网页上的图像信息，可先将鼠标移动到要保存的图像上，在出现在图像左上角的“图像”工具栏上选择“保存”按钮，如图 16-9 所示；或在图像上右击鼠标，在弹出的菜单中选择“另存为”命令，如图 16-10 所示。

图 16-9 “图像”工具栏保存方式

图 16-10　右键菜单图像保存方式

4. 设置 Internet Explorer 浏览器

对于初级应用者来说，不需要更改 IE 的缺省设置，基本上就可以直接上网浏览了。但是若想在使用 IE 时得心应手，则需要根据用户的喜好对 IE 的设置进行改动。

操作步骤如下：

（1）为了方便浏览教育信息，将“中国教育和科研计算机网”设置为 IE 的主页。打开 IE 浏览器窗口，单击“工具|Internet 选项”，打开“Internet 选项”对话框，如图 16-11 所示；单击“常规”选项卡,在主页地址中输入 http://www.edu.cn，单击“使用当前页”即可将“中国教育和科研计算机网”设置为 IE 的主页。

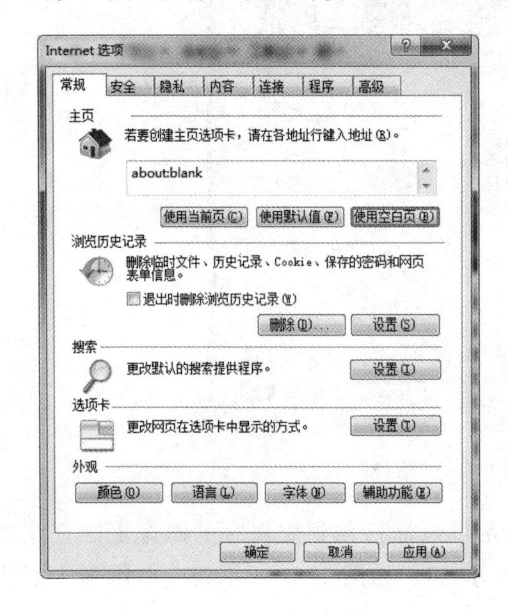

图 16-11 “Internet 选项”对话框

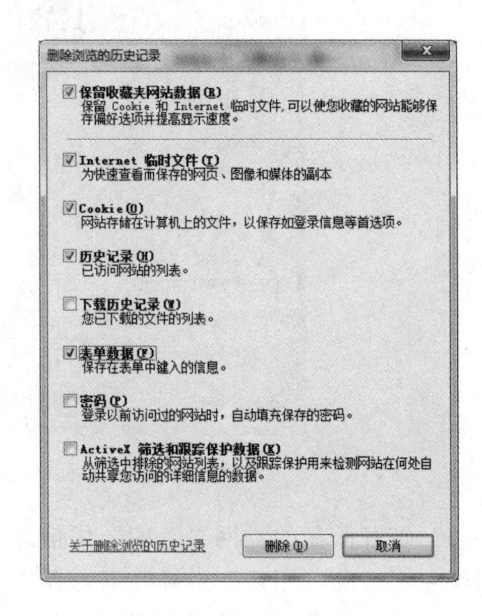

图 16-12 “删除浏览的历史记录”对话框

（2）对浏览记录进行设置。勾选“退出时删除浏览历史记录”，可在浏览器关闭时就立即清除浏览过的历史记录；点击“删除”按钮，在删除浏览的历史记录窗口下，根据自己的要求选中“删除”项，如图 16-12 所示，最后点击“删除”按钮即可完成。

5. 电子邮箱申请及收发邮件

利用电子邮件不仅可以发送文字和图片，还可以发送声音和动画。另外，速度也很快，不管收件人在世界的哪个地方，在几秒钟之内就能送达。Internet 上有许多提供电子邮箱服务的网站，有的是收费邮箱，有的是免费邮箱。一般说来收费邮箱容量相对较大，对邮箱的拥有者提供的服务也比较多。用户可以根据需要选择收费邮箱或免费邮箱服务，进行用户名的注册，按照网络服务商的规定使用。

下面以申请网易 126 免费邮箱为例进行介绍。

操作步骤：

（1）打开 IE 浏览器窗口，输入 http://mail.126.com，如图 16-13 所示，打开 126 网易免费邮主页，单击“立即注册”；

（2）在打开的“网易邮箱-注册新用户”窗口中，根据 ISP 规定录入用户名、密码等信息，点击“创建帐号”按钮完成注册。

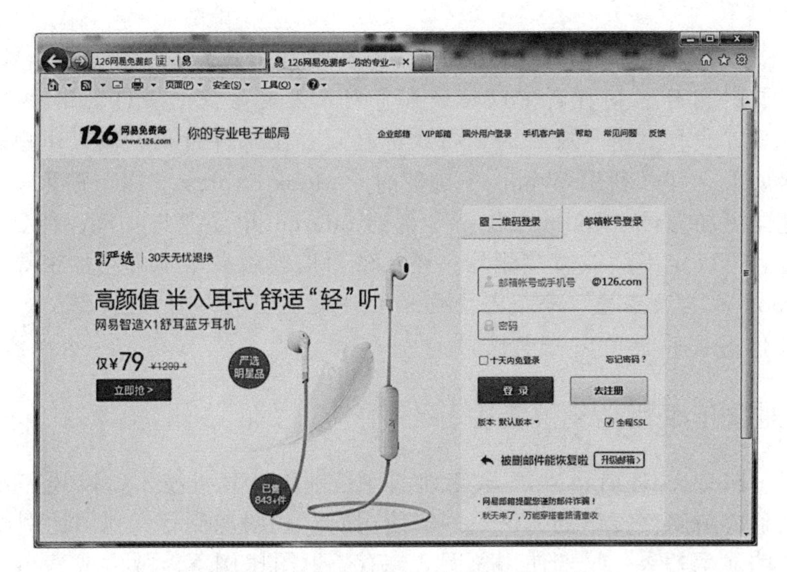

图 16-13　“网易 126 免费邮”主页

注：申请邮箱的过程中，尽量不要泄漏用户的详细地址、电话号码、身份证号等个人隐私。

（3）电子邮件的发送需要指明收件人的电子邮箱地址、邮件主题和正文，如果邮件中含有文档、声音等文件，须将文件以附件的形式发送。以 Web 方式收发电子邮件，打开“http://mail.126.com”窗口，录入已注册成功的用户名和密码登录申请的邮箱，单击“写信”按钮，打开邮件编辑页面，如图 16-14 所示。

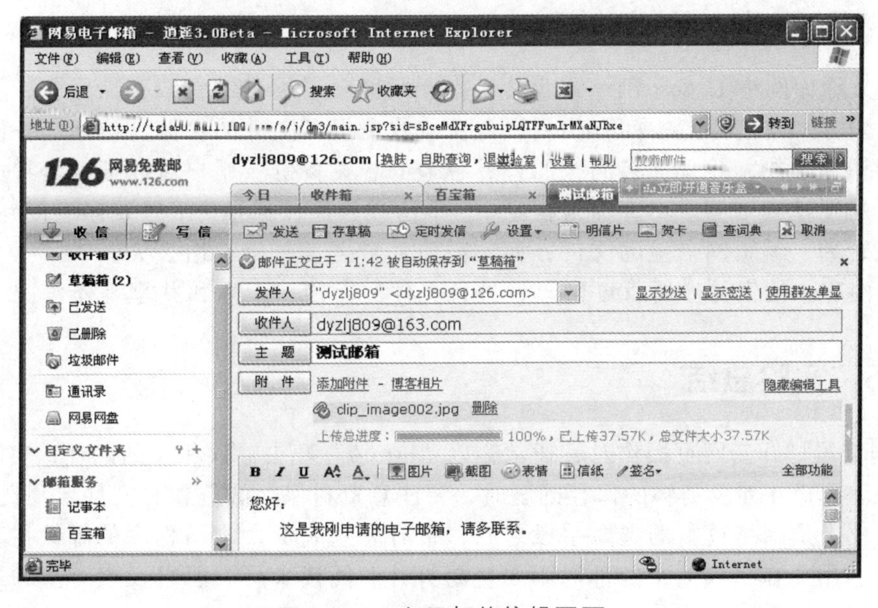

图 16-14　电子邮件编辑页面

（4）在“收件人”栏录入接收人的电子邮箱地址，然后写好信件主题、信件内容，如果需要发送文档或图像等文件，点击“添加附件”按钮，在打开的上传窗口选择传送的文件并确定，最后点击“发送”按钮。

注：126免费邮提供附件支持高达3 G。当使用浏览器或者客户端软件发信时，一封信可以粘贴3 G的附件，同样也可以接受来自别人发送给您的3 G的附件。

（5）以网页方式收发电子邮件时，每次都必须登录邮件首页，输入用户名、密码等，这些操作非常烦琐，可以利用Windows自带的Outlook Express（以下简称Outlook）进行邮件收发，这样更加方便。Outlook支持全部的Internet电子邮件功能，能远程邮件管理，浏览信件条目后再决定下载或直接删除；还具备写信模版、本地邮箱加密等功能。

注：Outlook基本设置中，每个免费电子邮件提供商的邮件服务器名是不同的，可以在免费电子邮件网页的帮助文件中找到。

6. 电子地图的使用（拓展实验）

电子地图（Electronic Map），即数字地图，是利用计算机技术，以数字方式存储和查阅的地图。电子地图储存资讯的方法，一般使用向量式图像储存，地图比例可放大、缩小或旋转而不影响显示效果，早期使用位图式储存，地图比例不能放大或缩小，现代电子地图软件一般利用地理信息系统来储存和传送地图数据，也有其他的信息系统。Internet上提供电子地图的服务商有很多，例如，百度、谷歌、搜狐、腾讯等公司都有自己的电子地图。电子地图提供有地点搜索、公交搜索、驾车搜索、步行搜索以及生活搜索等功能。有些电子地图除提供平面地图外，还提供卫星地图、三维地图、街景地图。

操作内容：打开百度地图（http://map.baidu.com）,搜索“天安门广场”，然后查找从“北京西站”到“天安门广场”的公交线路；搜索“天安门广场”附近的“酒店”和“餐馆”。

7. 网盘的使用（拓展实验）

网盘又称为网络U盘、网络硬盘，是由互联网公司推出的在线存储服务，服务器机房为用户划分一定的磁盘空间，为用户免费或收费提供文件的存储、访问、备份、共享等文件管理等功能，并且拥有高级的世界各地的容灾备份。用户可以把网盘看成一个放在网络上的硬盘或U盘，不管你是在家中、单位或其他任何地方，只要你连接到因特网，你就可以管理、编辑网盘里的文件，而不需要随身携带，更不怕丢失。

操作内容：搜索并注册百度网盘，进行文件的上传、下载和共享等操作。

16.5 实验总结

IE浏览器打开新网页操作时，通常会以“http://”开头输入相关的网址，实际操作时可以省略。用户在涉及资料的保存问题时，要注意资料保存的位置、文件名及文件类型。

邮件攻击是网络攻击的主要手段之一，带有恶意病毒、木马程序的邮件在互联网上泛滥成灾，用户在接收电子邮件时不要轻易打开和阅读来历不明以及没有主题或主题不清的邮件。

思考：

（1）在断开网络连接的前提下，能否访问收藏夹中“允许脱机使用”的网页？能否访问该网页中的超链接所指向的网页？

（2）网页Flash文件无法显示是什么原因？怎么处理？

第二篇　练习部分

《大学计算机》模拟测试题（一）

1. 一个字长为 6 位的无符号二进制数能表示的十进制数值范围是（　　）。

A. 0 ~ 64　　B. 1 ~ 64　　C. 1 ~ 63　　D. 0 ~ 63

2. 根据域名代码规定，表示商业性质网站的域名代码是（　　）。

A. net　　B. com　　C. edu　　D. org

3. CPU 中，除了内部总线和必要的寄存器外，主要的两个部件分别是运算器和（　　）。

A. 控制器　　B.存储器　　C.Cache　　D. 编辑器

4. 在计算机中应用最普遍的字符编码是（　　）。

A. 国标码　　B. ASCII 码　　C. EBCDIC 码　　D. BCD 码

5. 有一域名为 sgmtu.edu.cn，根据域名代码的规定，此域名表示（　　）。

A. 政府机关　　B. 商业组织　　C. 军事部门　　D. 教育机构

6. 无符号二进制整数 1001001 转换成十进制数是（　　）。

A. 72　　B.71　　C. 75　　D.73

7. 操作系统是计算机的软件系统中（　　）。

A. 最常用的应用软件　　B. 最核心的系统软件

C. 最通用的专用软件　　D. 最流行的通用软件

8. 组成计算机硬件系统的基本部分是（　　）。

A. CPU、键盘和显示器　　B. 主机和输入/输出设备

C. CPU 和输入/输出设备　　D. CPU、硬盘、键盘和显示器

9. 根据汉字国标 GB2312-80 的规定，1 KB 存储容量可以存储汉字的内码个数是(　　)。

A. 1024　　B.512　　C. 256　　D. 约 341

10. 下列叙述中，正确的是（　　）。

A. 把数据从硬盘上传送到内存的操作称为输出

B. WPS office 2010 是一个国产的系统软件

C. 扫描仪属于输出设备

D. 将用高级语言编写的源程序转换成为机器语言程序的程序叫做编译程序

11. 计算机操作系统通常具有的五大功能是（　　）。

A. CPU 管理、显示器管理、键盘管理、打印机管理和鼠标器管理

B. 硬盘管理、软盘驱动器管理、CPU 管理、显示器和键盘管理

C. CPU 管理、存储管理、文件管理、设备管理和作业管理

D. 启动、打印、显示、文件关联和关机

12. 下列关于计算机病毒的说法中，正确的是（　　）。

A. 计算机病毒是一种有损计算机操作人员身体健康的生物病毒

B. 计算机病毒发作后，将造成计算机硬件永久性的物理损坏

C. 计算机病毒是一种通过自我复制进行传染的，破坏计算机程序和数据和程序

D. 计算机病毒是一种有逻辑错误的程序

13. 在下列设备中，不能作为微机输出设备的是（　　）。

A. 打印机　　B. 显示器　　C. 鼠标器　　D. 绘图仪

14. 下列关于因特网上收/发电子邮件优点的描述中，错误的是（　　）。

A. 不受时间和地域的限制，只要能接入因特网，就能收发电子邮件

B. 方便、快速

C. 费用低廉

D. 收件人必须在原电子邮件申请地接收电子邮件

15. 当有两个或两个以上运输层以上相同的网络互联时，必须用（　　）。

A. 路由器　　B. 中继器　　C. 集成器　　D. 网桥

16. 计算机硬件系统主要包括：运算器、存储器、输入设备、输出设备和（　　）。

A. 控制器　　B. 显示器　　C. 磁盘驱动器　　D. 打印机

17. 使用 Excel 的自动数据筛选功能时，数据变化为（　　）。

A. 满足条件的记录显示出来，而删除掉不满足条件的数据

B. 满足条件的记录显示出来，暂时隐藏不满足条件的数据

C. 将满足条件的数据突出显示，而删除掉不满足条件的数据

D. 将满足条件的数据突出显示，不满足条件的数据不做处理

18. 随机存取存储器（RAM）的最大特点是（　　）。

A. 存储量极大，属于海量存储器

B. 存储在其中的信息可以永久保存

C. 一旦断电，存储在其上的信息将全部消失，且无法恢复

D. 计算机中，只是用来存储数据的

19. 正确的 IP 地址是（　　）。

A. 202.112.111.1　　B. 202.2.2.2.2　　C. 202.202.1　　D. 202.256.1.1

20. 硬盘属于（　　）。

A. 内部存储器　　B. 外部存储器　　C. 只读存储器　　D. 输出设备

参考答案

1. D	2. B	3. A	4. B	5. D
6. D	7. B	8. B	9. B	10. D
11. C	12. C	13. C	14. D	15. B
16. A	17. B	18. C	19. A	20. B

《大学计算机》模拟测试题（二）

1. KB(千字节)是度量存储器容量大小的常用单位之一，1 KB 等于（　　）。

A. 1000 个字节　　B. 1024 个字节　　C. 1000 个二进位　　D. 1024 个字

2. 在下列各组软件中，全部属于应用软件的一组是（　　）。

A. Windows 2000、WPS Office 2003、Word 2010

B. UNIX、Visual FoxPro、AutoCAD

C. MS-DOS、用友财务软件、学籍管理系统

D. Word 2000、Excel 2000、金山词霸

3. 微机上广泛使用的 Windows 7 是（　　）。

A. 多用户多任务操作系统　　B. 单用户多任务操作系统

C. 实时操作系统　　D. 多用户分时操作

4. 现代计算机中采用二进制数制是因为二进制数的优点是（　　）。

A. 代码表示简短，易读

B. 物理上容易实现且简单可靠，运算规则简单，适合逻辑运算

C. 容易阅读，不易出错

D. 只有 0、1 两个符号，容易书写

5. 在下列字符中，其 ASCII 码值最人的一个是（　　）。

A. 空格字符　　B. 9　　C. D　　D. a

6. 根据域名代码规定，表示教育机构网站的域名代码是（　　）。

A. net　　B. com　　C. edu　　D. org

7. 假设某台式计算机的内存储器容量为 256 MB，硬盘容量为 40 GB。硬盘的容量是内存容量的（　　）。

A. 200 倍　　B. 160 倍　　C. 120 倍　　D. 100 倍

8. 一个汉字的内码和它的国标码之间的差是（　　）。

A. 2020H　　B. 4040H　　C. 8080H　　D. A0A0H

9. 在标准 ASCII 码表中，已知英文字母 A 的 ASCII 码是 01000001，则英文字母 E 的 ASCII 码是（　　）。

A. 01000011　　B. 01000100　　C. 01000101　　D. 01000010

10. 下列叙述中，正确的是（　　）。

A. 用高级程序语言编写的程序称为源程序

B. 计算机能直接识别并执行用汇编语言编写的程序

C. 机器语言编写的程序执行效率最低

D. 高级语言编写的程序的可移植性最差

11. 计算机硬件系统主要包括：中央处理器（CPU）、存储器和（　　）。

A. 显示器和键盘　　B. 打印机和键盘

C. 显示器和鼠标器　　D. 输入/输出设备

12. 数据在计算机内部传送、处理和存储时，采用的数制是（　　）。

A. 十进制　　B. 二进制　　C. 八进制　　D. 十六进制

13. 当前流行的移动硬盘或优盘进行读/写利用的计算机接口是（　　）。

A. 串行接口　　B. 并行接口　　C. USB　　D. UBS

14. 调制/解调器（Modem）的功能是（　　）。

A. 将计算机的数字信号转换成模拟信号

B. 将模拟信号转换成计算机的数字信号

C. 将数字信号与模拟信号互相转换

D. 使上网与接电话两不误

15. 在微型计算机内部，对汉字进行传输、处理和存储时使用汉字的（　　）。

A. 国标码　　B. 字形码　　C. 输入码　　D. 机内码

16. 根据汉字国标 GB 2312—80 的规定，存储一个汉字的内码需用的字节个数是（　　）。

A. 4　　B. 3　　C. 2　　D. 1

17. 冯·诺依曼在总结研制 ENIAC 计算机时提出的两个重要的改进是（　　）。

A. 引入 CPU 和内存储器的概念　　B. 采用机器语言和十六进制

C. 采用二进制和存储程序控制的概念　　D. 采用 ASCII 编码系统

18. 随机存储器中，有一种存储器需要周期性地补充电荷以保证所存储信息的正确性，它称为（　　）。

A. 静态 RAM（SRAM）　　B. 动态 RAM（DRAM）

C. RAM　　D. Cache

19. 下列度量单位用来度量计算机外部设备传输率的是（　　）。

A. MB/s　　B. MIPS　　C. GHz　　D. MB

20. 计算机软件系统包括（　　）。

A. 系统软件和应用软件　　B. 编译系统和应用软件

C. 数据库管理系统和数据库　　D. 程序和文档

参考答案

1. B　　2. D　　3. B　　4. B　　5. D

6. C　　7. B　　8. C　　9. C　　10. A

11. D　　12. B　　13. C　　14. C　　15. D

16. C　　17. C　　18. B　　19. A　　20. A

《大学计算机》模拟测试题（三）

1. 计算机的技术性能指标主要是指（　　）。
   A. 计算机所配备的语言、操作系统、外部设备
   B. 硬盘的容量和内存的容量
   C. 显示器的分辨率、打印机的性能等配置
   D. 字长、运算速度、内/外存容量和 CPU 的时钟频率
2. 在下列关于字符大小关系的说法中，正确的是（　　）。
   A. 空格 > a > A　　B. 空格 > A > a　　C. a > A > 空格　　D. A > a > 空格
3. 声音与视频信息在计算机内的表现形式是（　　）。
   A. 二进制数字　　B. 调制　　C. 模拟　　D. 模拟或数字
4. 计算机系统软件中最核心的是（　　）。
   A. 语言处理系统　　B. 操作系统　　C. 数据库管理系统　　D. 诊断程序
5. 下列关于计算机病毒的说法中，正确的是（　　）。
   A. 计算机病毒是一种有损计算机操作人员身体健康的生物病毒
   B. 计算机病毒发作后，将造成计算机硬件永久性的物理损坏
   C. 计算机病毒是一种通过自我复制进行传染的，破坏计算机程序和数据的小程序
   D. 计算机病毒是一种有逻辑错误的程序
6. 能直接与 CPU 交换信息的存储器是（　　）。
   A. 硬盘存储器　　B. CD—ROM　　C. 内存储器　　D. 软盘存储器
7. 下列叙述中，错误的是（　　）。
   A. 把数据从内存传输到硬盘的操作称为写盘
   B. WPS Office 2010 属于系统软件
   C. 把高级语言源程序转换为等价的机器语言目标程序的过程叫编译
   D. 计算机内部对数据的传输、存储和处理都使用二进制
8. 以下关于电子邮件的说法，不正确的是（　　）。
   A. 电子邮件的英文简称是 E—mail
   B. 加入因特网的每个用户通过申请都可以得到一个“电子信箱”
   C. 在一台计算机上申请的“电子信箱”，以后只有通过这台计算机上网才能收信
   D. 一个人可以申请多个电子信箱
9. RAM 的特点是（　　）。
   A. 海量存储器
   B. 存储在其中的信息可以永久保存
   C. 一旦断电，存储在其上的信息将全部消失，且无法恢复

D. 只用来存储中间数据

10. 下列关于世界上第一台电子计算机 ENIAC 的叙述中，错误的是（　　）。

A. 它是 1946 年在美国诞生的

B. 它主要采用电子管和继电器

C. 它是首次采用存储程序控制使计算机自动工作

D. 它主要用于弹道计算

11. 度量计算机运算速度常用的单位是（　　）。

A. MIPS　　B. MHz　　C. MB　　D. Mbps

12. 在微机的配置中常看到 “P42.4G”字样，其中数字“2.4G”表示（　　）。

A. 处理器的时钟频率是 2.4 GHz

B. 处理器的运算速度是 2.4 GIPS

C. 处理器是 Pentium4 第 2.4 代

D. 处理器与内存间的数据交换速率是 2.4 GB/s

13. 电子商务的本质是（　　）。

A. 计算机技术　B. 电子技术　　C. 商务活动　　D. 网络技术

14. 以.jpg 为扩展名的文件通常是（　　）。

A. 文本文件　　B. 音频信号文件　　C. 图像文件　　D. 视频信号文件

15. 下列软件中，属于系统软件的是（　　）。

A. 办公自动化软件　B. Windows 7　　C. 管理信息系统　　D. 指挥信息系统

16. 已知英文字母 m 的 ASCII 码值为 6DH，那么 ASCIIl 码值为 71H 的英文字母是（　　）。

A. M　　B. j　　C. P　　D. q

17. 控制器的功能是（　　）。

A. 指挥、协调计算机各部件工作　　B. 进行算术运算和逻辑运算

C. 存储数据和程序　　D. 控制数据的输入和输出

18. 运算器的完整功能是进行（　　）。

A. 逻辑运算 B. 算术运算和逻辑运算 C. 算术运算 D. 逻辑运算和微积分运算

19. 下列各存储器中，存取速度最快的一种是（　　）。

A. U 盘　　B. 内存储器　　C. 光盘　　D. 固定硬盘

20. 操作系统对磁盘进行读/写操作的物理单位是（　　）。

A. 磁道　　B. 字节　　C. 扇区　　D. 文件

参考答案

1. D	2. C	3. A	4. B	5. C
6. C	7. B	8. C	9. C	10. C
11. A	12. A	13. C	14. C	15. B
16. D	17. A	18. B	19. B	20. C

《大学计算机》模拟测试题（四）

1. 下列不属于计算机特点的是（　　）。
   A. 存储程序控制，工作自动化　　B. 具有逻辑推理和判断能力
   C. 处理速度快、存储量大　　D. 不可靠、故障率高
2. 任意一汉字的机内码和其国标码之差总是（　　）。
   A. 8000H　　B. 8080H　　C. 2080H　　D. 8020H
3. 第一台计算机是 1946 年在美国研制的，该机英文缩写名为（　　）。
   A. EDSAC　　B. EDVAC　　C. ENIAC　　D. MARK-II
4. 软盘加上写保护后，可以对它进行的操作是（　　）
   A. 只能读　　B. 读和写　　C. 只能写　　D. 不能读、写
5. 十进制数 32 转换成二进制整数是（　　）
   A. 100000　　B. 100100　　C. 100010　　D. 101000
6. 下列四种设备中，属于计算机输入设备的是（　　）。
   A. UPS　　B. 服务器　　C. 绘图仪　　D. 鼠标器
7. 程序是（　　）。
   A. 指令的集合　　B. 数据的集合
   C. 文本的集合　　D. 信息的集合
8. 十进制数 100 转换成二进制数是（　　）。
   A. 0110101　　B. 01101000
   C. 01100100　　D. 01100110
9. 在因特网技术中，缩写 ISP 的中文全名是（　　）。
   A. 因特网服务提供商　　B. 因特网服务产品
   C. 因特网服务协议　　D. 因特网服务程序
10. 从发展上看，计算机将向着（　　）方向发展。
    A. 系统化和应用化　　B. 网络化和智能化
    C. 巨型化和微型化　　D. 简单化和低廉化
11. CPU 能够直接访问的存储器是（　　）。
    A. 软盘　　B. 硬盘　　C. RAM　　D. C-ROM
12. 计算机能直接识别的语言是（　　）。
    A. 高级程序语言　　B. 机器语言　　C. 汇编语言　　D. C++语言
13. 在下列网络的传输介质中，抗干扰能力最好的一个是（　　）。

A. 光缆　B. 同轴电缆　C. 双绞线　D. 电话线

14. 计算机最主要的工作特点是（　　）。

A. 存储程序与自动控制　B. 高速度与高精度

C. 可靠性与可用性　D. 有记忆能力

15. 存储在 ROM 中的数据，当计算机断电后（　　）。

A. 部分丢失　B. 不会丢失　C. 可能丢失　D. 完全丢失

16. 计算机的发展是（　　）。

A. 体积愈来愈大　B. 容量愈来愈小

C. 速度愈来愈快　D. 精度愈来愈低

17. 下列诸因素中，对微型计算机工作影响最小的是（　　）。

A. 尘土　B. 噪声　C. 温度　D. 湿度

18. 英文缩写 CAD 的中文意思是（　　）。

A. 计算机辅助教学　B. 计算机辅助制造

C. 计算机辅助设计　D. 计算机辅助管理

19. 五笔字型码输入法属于（　　）。

A. 音码输入法　B. 形码输入法

C. 音形结合输入法　D. 联想输入法

20. 当计算机病毒发作时，主要造成的破坏是（　　）。

A. 对磁盘片的物理损坏

B. 对磁盘驱动器的损坏

C. 对 CPU 的损坏

D. 对存储在硬盘上的程序、数据甚至系统的破坏

参考答案

1. D　2. B　3. C　4. A　5. A

6. D　7. A　8. C　9. A　10. C

11. C　12. B　13. A　14. A　15. B

16. C　17. B　18. C　19. B　20. D

《大学计算机》模拟测试题（五）

1. 下列关于电子邮件的说法，正确的是（　　）。

   A. 收件人必须有 E-mail 账号，发件人可以没有 E-mail 账号

   B. 发件人必须有 E-mail 账号，收件人可以没有 E-mail 账号

   C. 发件人和收件人均必须有 E-mail 账号

   D. 发件人必须知道收件人的邮政编码

2. 下列编码中，属于正确国标码的是（　　）。

   A. SEF6H　　B. FB67H　　C. 6E6FH　　D. C97DH

3. 当前流行的 Core i7 CPU 的字长是（　　）。

   A. 8 bits　　B. 16 bits　　C. 32 bits　　D. 64 bits

4. 在计算机的硬件技术中，构成存储器的最小单位是（　　）。

   A. 字节（Byte）　　B. 二进制位（bit）

   C. 字（Word）　　D.双字（DoubleWord）

5. 下面列出的 4 种存储器中，易失性存储器是（　　）。

   A. RAM　　B. ROM　　C. FROM　　D. CD-ROM

6. 二进制数 00111001 转换成十进制数是（　　）。

   A. 58　　B. 57　　C. 56　　D. 41

7. 磁盘上的磁道是（　　）。

   A. 一组记录密度不同的同心圆　　B. 一组记录密度相同的同心圆

   C. 一条阿基米德螺旋线　　D. 二条阿基米德螺旋线

8. 对 CD-ROM 可以进行的操作是（　　）。

   A. 读或写　　B. 只能读不能写

   C. 只能写不能读　　D. 能存不能取

9. 下列四项中不属于微型计算机主要性能指标的是（　　）。

   A. 字长　　B. 内存容量　　C. 重量　　D. 时钟脉冲

10. 存储 1024 个 24×24 点阵的汉字字形码需要的字节数是（　　）。

    A. 720B　　B. 7000B　　C. 7200B　　D. 72 KB

11. 计算机中采用二进制数字系统是因为它（　　）。

    A. 代码短，易读，不易出错

    B. 容易表示和实现;运算规则简单;可节省设备;便于设计且可靠

    C. 可以精确表示十进制小数

D. 运算简单

12. 显示或打印汉字时，系统使用的是汉字的（　　）。

A. 机内码　　B. 字形码　　C. 输入码　　D. 国标交换码

13. CPU 主要性能指标是（　　）。

A. 字长和时钟主频　　B. 可靠性

C. 耗电量和效率　　D. 发热量和冷却效率

14. 在标准 ASCII 码表中，已知英文字母 A 的 ASCII 码是 01000001，英文字母 F 的 ASCII 码是（　　）。

A. 01000011　　B. 01000100

C. 01000101　　D. 01000110

15. 二进制数 011111 转换为十进制整数是（　　）。

A. 64　　B. 63　　C. 32　　D. 31

16. 键盘是目前使用最多的（　　）

A. 存储器　　B. 微处理器　　C. 输入设备　　D. 输出设备

17. 计算机最主要的工作特点是（　　）。

A. 存储程序与自动控制　　B. 高速度与高精度

C. 可靠性与可用性　　D. 有记忆能力

18. Internet 网中，不同网络和不同计算机相互通讯的基础是（　　）。

A. ATM　　B. TCP/IP　　C. Novell　　D. X.25

19. 如果在一个非零无符号二进制整数之后添加 2 个 0，则此数的值为原数的（　　）。

A. 4 倍　　B. 2 倍　　C. 1/2　　D. 1/4

20. 微型计算机的主机应该包括（　　）。

A. 内存、打印机　　B. CPU 和内存

C. I/O 和内存　　D. I/O 和 CPU

参考答案

1. C　　2. C　　3. D　　4. B　　5. A

6. B　　7. A　　8. B　　9. C　　10. D

11. B　　12. B　　13. A　　14. D　　15. D

16. C　　17. A　　18. B　　19. A　　20. B

全国计算机等级考试一级 B 模拟试题及答案（一）

1. 计算机的特点是处理速度快、计算精度高、存储容量大、可靠性高、工作全自动以及（　　）。

A. 造价低廉　　B. 便于大规模生产

C. 适用范围广、通用性强　　D. 体积小巧

【答案】：C

【解析】：计算机的主要特点就是处理速度快、计算精度高、存储容量大、可靠性高、工作全自动以及适用范围广、通用性强。

2. 1983 年，我国第一台亿次巨型电子计算机诞生了，它的名称是（　　）。

A. 东方红　　B. 神威　　C. 曙光　　D. 银河

【答案】：D

【解析】：1983 年底，我国第一台名叫“银河”的亿次巨型电子计算机诞生，标示着我国计算机技术的发展进入一个崭新的阶段。

3. 十进制数 215 用二进制数表示是（　　）。

A. 1100001　　B. 11011101　　C. 0011001　　D. 11010111

【答案】：D

【解析】：十进制向二进制的转换采用“除二取余”法。

4. 有一个数是 123，它与十六进制数 53 相等，那么该数值是（　　）。

A. 八进制数　　B. 十进制数　　C. 五进制　　D. 二进制数

【答案】：A

【解析】：解答这类问题，一般是将十六进制数逐一转换成选项中的各个进制数进行对比。

5. 下列 4 种不同数制表示的数中，数值最大的一个是（　　）。

A. 八进制数 227　　B. 十进制数 789

C. 十六进制数 1FF　　D. 二进制数 1010001

【答案】：B

【解析】：解答这类问题，一般都是将这些非十进制数转换成十进制数，才能进行统一的对比。非十进制转换成十进制的方法是按权展开。

6. 某汉字的区位码是 5448，它的机内码是（　　）。

A. D6D0H　　B. E5E0H　　C. E5D0H　　D. D5E0H

【答案】：A

【解析】: 国标码=区位码 + 2020H，汉字机内码=国标码 + 8080H。首先将区位码转换成国标码，然后将国标码加上 8080H，即得机内码。

7. 汉字的字形通常分为（　　）两类。

A. 通用型和精密型　　B. 通用型和专用型

C. 精密型和简易型　　D. 普通型和提高型

【答案】: A

【解析】: 汉字的字形可以分为通用型和精密型两种，其中通用型又可以分成简易型、普通型、提高型 3 种。

8. 中国国家标准汉字信息交换编码是（　　）。

A. GB 2312-80　　B. GBK　　C. UCS　　D. BIG-5

【答案】: A

【解析】: GB 2312-80 是中华人民共和国国家标准汉字信息交换用编码，习惯上称为国标码、GB 码或区位码。

9. 用户用计算机高级语言编写的程序，通常称为（　　）。

A. 汇编程序　　B. 目标程序　　C. 源程序　　D. 二进制代码程序

【答案】: C

【解析】: 使用高级语言编写的程序，通常称为高级语言源程序。

10. 将用高级语言编写的程序翻译成机器语言程序，所采用的两种翻译方式是（　　）。

A. 编译和解释　　B. 编译和汇编　　C. 编译和链接　　D. 解释和汇编

【答案】: A

【解析】: 将高级语言转换成机器语言，采用编译和解释两种方法。

11. 下列关于操作系统的主要功能的描述中，不正确的是（　　）。

A. 处理器管理　　B. 作业管理　　C. 文件管理　　D. 信息管理

【答案】: D

【解析】: 操作系统的 5 大管理模块是处理器管理、作业管理、存储器管理、设备管理和文件管理。

12. 微型机的 DOS 系统属于（　　）。

A. 单用户操作系统　B. 分时操作系统　C. 批处理操作系统　D. 实时操作系统

【答案】: A

【解析】: 单用户操作系统的主要特征就是计算机系统内一次只能运行一个应用程序，缺点是资源不能充分利用，微型机的 DOS、Windows 操作系统属于这一类。

13. 下列 4 种软件中属于应用软件的是（　　）。

A. BASIC 解释程序　　B. UCDOS 系统

C. 财务管理系统　　D. Pascal 编译程序

【答案】: C

【解析】: 软件系统可分成系统软件和应用软件。前者又分为操作系统和语言处理系统，A，B，D 三项应归在此类中。

14. 内存（主存储器）比外存（辅助存储器）（　　）。

A. 读写速度快　　B. 存储容量大　　C. 可靠性高　　D. 价格便宜

【答案】: A

【解析】: 一般而言，外存的容量较大是存放长期信息，而内存是存放临时的信息区域，读写速度快，方便交换。

15. 运算器的主要功能是（　　）。

A. 实现算术运算和逻辑运算　　B. 保存各种指令信息供系统其他部件使用

C. 分析指令并进行译码　　D. 按主频指标规定发出时钟脉冲

【答案】: A

【解析】: 运算器（ALU）是计算机处理数据形成信息的加工厂，主要功能是对二进制数码进行算术运算或逻辑运算。

16. 计算机的存储系统通常包括（　　）。

A. 内存储器和外存储器　B. 软盘和硬盘　C. ROM 和 RAM　D. 内存和硬盘

【答案】: A

【解析】: 计算机的存储系统由内存储器（主存储器）和外存储器（辅存储器）组成。

17. 断电会使存储数据丢失的存储器是（　　）。

A. RAM　　B. 硬盘　　C. ROM　　D. 软盘

【答案】: A

【解析】: RAM 即易失性存储器，一旦断电，信息就会消失。

18. 计算机病毒按照感染的方式可以进行分类，以下哪一项不是其中一类？（　　）

A. 引导区型病毒　B. 文件型病毒　C. 混合型病毒　D. 附件型病毒

【答案】: D

【解析】: 计算机的病毒按照感染的方式，可以分为引导型病毒、文件型病毒、混合型病毒、宏病毒和 Internet 病毒。

19. 下列关于字节的 4 条叙述中，正确的一条是（　　）。

A. 字节通常用英文单词“bit”来表示，有时也可以写成“b”

B. 目前广泛使用的 Pentium 机其字长为 5 个字节

C. 计算机中将 8 个相邻的二进制位作为一个单位，这种单位称为字节

D. 计算机的字长并不一定是字节的整数倍

【答案】: C

【解析】: 选项 A: 字节通常用 Byte 表示。选项 B: Pentium 机字长为 32 位。选项 D: 字长总是 8 的倍数。

20. 下列描述中，不正确的一条是（　　）

A. 世界上第一台计算机诞生于 1946 年

B. CAM 就是计算机辅助设计

C. 十进制转换成二进制的方法是“除二取余”

D. 在二进制编码中，n 位二进制数最多能表示 2n 种状态

【答案】: B

【解析】: 计算机辅助设计的英文缩写是 CAD，计算机辅助制造的英文缩写是 CAM。

全国计算机等级考试一级 B 模拟试题及答案（二）

1. 计算机按其性能可以分为 5 大类，即巨型机、大型机、小型机、微型机和（　　）。

A. 工作站　B. 超小型机　C. 网络机　D. 以上都不是

【答案】：A

【解析】：人们可以按照不同的角度对计算机进行分类，按照计算机的性能分类是最常用的方法，通常可以分为巨型机、大型机、小型机、微型机和工作站。

2. 第 3 代电子计算机使用的电子元件是（　　）。

A. 晶体管　B. 电子管

C. 中、小规模集成电路　D. 大规模和超大规模集成电路

【答案】：C

【解析】：第 1 代计算机是电子管计算机，第 2 代计算机是晶体管计算机，第 3 代计算机主要元件是采用小规模集成电路和中规模集成电路，第 4 代计算机主要元件是采用大规模集成电路和超大规模集成电路。

3. 十进制数 221 用二进制数表示是（　　）。

A. 1100001　B. 11011101　C. 0011001　D. 1001011

【答案】：B

【解析】：十进制向二进制的转换采用“除二取余”法。

4. 下列 4 个无符号十进制整数中，能用 8 位二进制位表示的是（　　）。

A. 257　B. 201　C. 313　D. 296

【答案】：B

【解析】：十进制整数转换成二进制数的方法是“除二取余”法。A、C、D 三个选项的值超过 8 位二进制表示的范围。其中 201D=11001001B，为 8 位。

5. 计算机内部采用的数制是（　　）。

A. 十进制　B. 二进制　C. 八进制　D. 十六进制

【答案】：B

【解析】：因为二进制具有如下特点：简单可行，容易实现；运算规则简单；适合逻辑运算。所以计算机内部都只用二进制编码表示。

6. 在 ASCII 码表中，按照 ASCII 码值从小到大排列顺序是（　　）。

A. 数字、英文大写字母、英文小写字母

B. 数字、英文小写字母、英文大写字母

C. 英文大写字母、英文小写字母、数字

D. 英文小写字母、英文大写字母、数字

【答案】: A

【解析】: 在 ASCII 码中，有 4 组字符：一组是控制字符，如 LF，CR 等，其对应 ASCII 码值最小；第 2 组是数字 0～9，第 3 组是大写字母 A～Z，第 4 组是小写字母 a～z。这 4 组对应的值逐渐变大。

7. 6 位无符号的二进制数能表示的最大十进制数是（　　）。

A. 64　　B. 63　　C. 32　　D. 31

【答案】: B

【解析】: 6 位无符号的二进制数最大为 111111，转换成十进制数就是 63。

8. 某汉字的区位码是 5448，它的国标码是（　　）。

A. 5650H　　B. 6364H　　C. 3456H　　D. 7454H

【答案】: A

【解析】: 国标码=区位码＋2020H。即将区位码的十进制区号和位号分别转换成十六进制数，然后分别加上 20H，就成了汉字的国标码。

9. 下列叙述中，正确的说法是（　　）。

A. 编译程序、解释程序和汇编程序不是系统软件

B. 故障诊断程序、排错程序、人事管理系统属于应用软件

C. 操作系统、财务管理程序、系统服务程序都不是应用软件

D. 操作系统和各种程序设计语言的处理程序都是系统软件

【答案】: D

【解析】: 系统软件包括操作系统、程序语言处理系统、数据库管理系统以及服务程序。应用软件就比较多了，大致可以分为通用应用软件和专用应用软件两类。

10. 把高级语言编写的源程序变成目标程序，需要经过（　　）。

A. 汇编　　B. 解释　　C. 编译　　D. 编辑

【答案】: C

【解析】: 高级语言源程序必须经过编译才能成为可执行的机器语言程序（即目标程序）。

11. MIPS 是表示计算机哪项性能的单位？（　　）

A. 字长　　B. 主频　　C. 运算速度　　D. 存储容量

【答案】: C

【解析】: 计算机的运算速度通常是指每秒钟所能执行加法指令数目。常用百万次/秒（MIPS）来表示。

12. 通用软件不包括下列哪一项？（　　）

A. 文字处理软件　　B. 电子表格软件

C. 专家系统　　D. 数据库系统

【答案】: D

【解析】: 数据库系统属于系统软件一类。

13. 下列有关计算机性能的描述中，不正确的是（　　）。

A. 一般而言，主频越高，速度越快

B. 内存容量越大，处理能力就越强

C. 计算机的性能好不好，主要看主频是不是高

D. 内存的存取周期也是计算机性能的一个指标

【答案】：C

【解析】：计算机的性能和很多指标有关系，不能简单地认定一个指标。除了主频之外，字长、运算速度、存储容量、存取周期、可靠性、可维护性等都是评价计算机性能的重要指标。

14. 微型计算机内存储器是（　　）。

A. 按二进制数编址　　B. 按字节编址

C. 按字长编址　　D. 根据微处理器不同而编址不同

【答案】：B

【解析】：为了存取到指定位置的数据，通常将每 8 位二进制组成一个存储单元，称为字节，并给每个字节编号，称为地址。

15. 下列属于击打式打印机的是（　　）。

A. 喷墨打印机　　B. 针式打印机

C. 静电式打印机　　D. 激光打印机

【答案】：B

【解析】：打印机按打印原理可分为击打式和非击打式两大类。字符式打印机和针式打印机属于击打式一类。

16. 下列 4 条叙述中，正确的一条是（　　）。

A. 为了协调 CPU 与 RAM 之间的速度差间距，在 CPU 芯片中又集成了高速缓冲存储器

B. PC 机在使用过程中突然断电，SRAM 中存储的信息不会丢失

C. PC 机在使用过程中突然断电，DRAM 中存储的信息不会丢失

D. 外存储器中的信息可以直接被 CPU 处理

【答案】：A

【解析】：RAM 中的数据一旦断电就会消失；外存中信息要通过内存才能被计算机处理。故 B、C、D 有误。

17. 微型计算机系统中，PROM 是（　　）。

A. 可读写存储器　　B. 动态随机存取存储器

C. 只读存储器　　D. 可编程只读存储器

【答案】：D

【解析】：只读存储器（ROM）有几种形式：可编程只读存储器（PROM）、可擦除的可编程只读存储器（EPROM）和掩膜型只读存取器（MROM）。

18. 下列 4 项中，不属于计算机病毒特征的是（　　）。

A. 潜伏性　　B. 传染性　　C. 激发性　　D. 免疫性

【答案】: D

【解析】: 计算机病毒不是真正的病毒，而是一种人为制造的计算机程序，不存在什么免疫性。计算机病毒的主要特征是寄生性、破坏性、传染性、潜伏性和隐蔽性。

19. 下列关于计算机的叙述中，不正确的一条是（　　）。

A. 高级语言编写的程序称为目标程序

B. 指令的执行是由计算机硬件实现的

C. 国际常用的 ASCII 码是 7 位 ASCII 码

D. 超级计算机又称为巨型机

【答案】: A

【解析】: 高级语言编写的程序是高级语言源程序，目标程序是计算机可直接执行的程序。

20. 下列关于计算机的叙述中，不正确的一条是（　　）。

A. CPU 由 ALU 和 CU 组成

B. 内存储器分为 ROM 和 RAM

C. 最常用的输出设备是鼠标

D. 应用软件分为通用软件和专用软件

【答案】: C

【解析】: 鼠标是最常用的输入设备。

全国计算机等级考试一级B模拟试题及答案（三）

1. 计算机模拟是属于哪一类计算机应用领域？（　　）

A. 科学计算　　B. 信息处理　　C. 过程控制　　D. 现代教育

【答案】D

【解析】计算机作为现代教学手段，在教育领域中应用得越来越广泛、深入。主要有计算机辅助教学、计算机模拟、多媒体教室、网上教学和电子大学。

2. 将微机分为大型机、超级机、小型机、微型机和（　　）。

A. 异型机　　B. 工作站　　C. 特大型机　　D. 特殊机

【答案】B

【解析】按照微机的性能可以将微机分为大型机、超级机、小型机、微型机和工作站。

3. 十进制数 45 用二进制数表示是（　　）。

A. 1100001　　B. 1101001　　C. 0011001　　D. 101101

【答案】D

【解析】十进制向二进制的转换采用“除二取余”法。

4. 十六进制数 5BB 对应的十进制数是（　　）。

A. 2345　　B. 1467　　C. 5434　　D. 2345

【答案】B

【解析】十六进制数转换成十进制数的方法和二进制一样，都是按权展开。

5. 二进制数 0101011 转换成十六进制数是（　　）。

A. 2B　　B. 4D　　C. 45F　　D. F6

【答案】A

【解析】二进制整数转换成十六进制整数的方法是：从个位数开始向左按每 4 位二进制数一组划分，不足 4 位的前面补 0，然后各组代之以一位十六进制数字即可。

6. 二进制数 111110000111 转换成十六进制数是（　　）。

A. 5FB　　B. F87　　C. FC　　D. F45

【答案】B

【解析】二进制整数转换成十六进制整数的方法是：从个位数开始向左按每 4 位二进制数一组划分，不足 4 位的前面补 0，然后各组代之以一位十六进制数字即可。

7. 二进制数 01010010 对应的十进制数是（　　）。

A. 85　　B. 89　　C. 87　　D. 82

【答案】D

【解析】二进制数转换成十进制数的方法是按权展开。

8. 下列字符中，其 ASCII 码值最大的是（　　）。

A. 5　　B. b　　C. f　　D. A

【答案】C

【解析】字符对应数字的关系是“数字<大写字母<小写字母，字母中越往后越大”。推算得知 f 应该是最大。

9. 以下关于计算机中常用编码描述正确的是（　　）。

A. 只有 ASCII 码一种　　B. 有 EBCDIC 码和 ASCII 码两种

C. 大型机多采用 ASCII 码　　D. ASCII 码只有 7 位码

【答案】B

【解析】计算机中常用的编码有 EBCDIC 码和 ASCII 码两种，前者多用于大型机，后者多用于微机。ASCII 码有 7 位和 8 位两个版本。

10. 字库中存放的汉字是（　　）。

A. 汉字的内码　B. 汉字的外码　C. 汉字的字模　D. 汉字的变换码

【答案】C

【解析】汉字外码是将汉字输入计算机而编制的代码。汉字内码是计算机内部对汉字进行存储、处理的汉字代码。汉字字模是确定一个汉字字形点阵的代码，存放在字库中。

11. 下列有关外存储器的描述不正确的是（　　）。

A. 外存储器不能为 CPU 直接访问，必须通过内存才能为 CPU 所使用

B. 外存储器既是输入设备，又是输出设备

C. 外存储器中所存储的信息，断电后信息也会随之丢失

D. 扇区是磁盘存储信息的最小单位

【答案】C

【解析】外存储器中所存储的信息，断电后不会丢失，可存放需要永久保存的内容。

12. 在程序设计中可使用各种语言编制源程序，但唯有什么在执行转换过程中不产生目标程序？（　　）

A. 编译程序　　B. 解释程序　　C. 汇编程序　　D. 数据库管理系统

【答案】B

【解析】用 C 语言、FORTRAN 语言等高级语言编制的源程序，需经编译程序转换为目标程序，然后交给计算机运行。由 BASIC 语言编制的源程序，经解释程序的翻译，实现的是边解释、边执行并立即得到运行结果，因而不产生目标程序。用汇编语言编制的源程序，需经汇编程序转换为目标程序，然后才能被计算机运行。用数据库语言编制的源程序，需经数据库管理系统转换为目标程序，才能被计算机执行。

13. 内部存储器的机器指令，一般先读取数据到缓冲寄存器，然后再送到（　　）。

A. 指令寄存器　B. 程序计数器　C. 地址寄存器　D. 标志寄存器

【答案】A

【解析】从内存中读取的机器指令进入到数据缓冲寄存器，然后经过内部数据总线进

入到指令寄存器，再通过指令译码器得到是哪一条指令，最后通过控制部件产生相应的控制信号。

14. 运算器的组成部分不包括（ ）。

A. 控制线路　B. 译码器　C. 加法器　D. 寄存器

【答案】B

【解析】运算器是计算机处理数据形成信息的加工厂，主要由一个加法器、若干个寄存器和一些控制线路组成。

15. RAM 具有的特点是（ ）。

A. 海量存储

B. 存储的信息可以永久保存

C. 一旦断电，存储在其上的信息将全部消失无法恢复

D. 存储在其中的数据不能改写

【答案】C【解析】RAM 即随机存储器，亦称读写存储器、临时存储器。它有两个特点：一个是其中信息随时可读写，当写入时，原来存储的数据将被覆盖；二是加电时信息完好，一旦断电，信息就会消失。

16. 微型计算机的内存储器是（ ）。

A. 按二进制位编址　B. 按字节编址　C. 按字长编址　D. 按十进制位编址

【答案】A

【解析】内存储器为存取指定位置数据，将每位 8 位二进制位组成一个存储单元，即字节，并编上号码，称为地址。

17. 一张软磁盘中已存有若干信息，当什么情况下，会使这些信息受到破坏？

A. 放在磁盘盒内半年没有用过　B. 通过机场、车站、码头的 X 射线监视仪

C. 放在强磁场附近　D. 放在 –10 °C 的房间里

【答案】C

【解析】磁盘是以盘表面磁介质不同的磁化方向来存放二进制信息的，所以放在强磁场中会改变这种磁化方向，也就是破坏原有信息；磁盘放置的环境有一定的要求，例如：避免日光直射、高温和强磁场，防止潮湿，不要弯折或重压，环境要清洁、干燥、通风。一般的 X 射线监视仪由于射线强度较弱，也不会破坏磁盘中原有的信息。

18. 巨型机指的是（ ）。

A. 体积大　B. 重量大　C. 功能强　D. 耗电量大

【答案】C

【解析】所谓“巨型”不是指体积庞大，而是指功能强大。

19.“32 位微型计算机”中的 32 指的是（ ）。

A. 微型机号　B. 机器字长　C. 内存容量　D. 存储单位

【答案】B

【解析】所谓“32 位”是指计算机的字长，字长越长，计算机的运算精度就越高。

20. 某汉字的常用机内码是 B6ABH，则它的国标码第一字节是（ ）。

A. 2BH　B. 00H　C. 36H　D. 11H

【答案】C

【解析】汉字的机内码=汉字的国际码+8080H。

全国计算机等级考试一级 B 模拟试题及答案（四）

1. 我国第一台电子计算机诞生于（　　）。

A. 1948 年　　B. 1958 年　　C. 1966 年　　D. 1968 年

【答案】: B

【解析】: 我国自 1956 年开始研制计算机，1958 年研制成功国内第一台电子管计算机，名叫 103 机，在以后的数年中我国的计算机技术取得了迅速地发展。

2. 计算机按照处理数据的形态可以分为（　　）。

A. 巨型机、大型机、小型机、微型机和工作站

B. 286 机、386 机、486 机、Pentium 机

C. 专用计算机、通用计算机

D. 数字计算机、模拟计算机、混合计算机

【答案】: D

【解析】: 计算机按照综合性能可以分为巨型机、大型机、小型机、微型机和工作站，按照使用范围可以分为通用计算机和专用计算机，按照处理数据的形态可以分为数字计算机、模拟计算机和专用计算机。

3. 与十进制数 254 等值的二进制数是（　　）。

A. 11111110　　B. 11101111　　C. 11111011　　D. 11101110

【答案】: A

【解析】: 十进制与二进制的转换可采用“除二取余”数。

4. 下列 4 种不同数制表示的数中，数值最小的一个是（　　）。

A. 八进制数 36　　B. 十进制数 32

C. 十六进制数 22　　D. 二进制数 10101100

【答案】: A

【解析】: 解答这类问题，一般都是将这些非十进制数转换成十进制数，才能进行统一的对比。非十进制转换成十进制的方法是按权展开。

5. 十六进制数 1AB 对应的十进制数是（　　）。

A. 112　　B. 427　　C. 564　　D. 273

【答案】: B

【解析】: 十六进制数转换成十进制数的方法和二进制一样，都是按权展开。

6. 某汉字的国际码是 5650H，它的机内码是（　　）。

A. D6D0H　　B. E5E0H　　C. E5D0H　　D. D5E0H

【答案】: A

【解析】: 汉字机内码=国际码 + 8080H。

7. 五笔型输入法是（　　）。

A. 音码　　B. 形码　　C. 混合码　　D. 音形码

【答案】: B

【解析】: 全拼输入法和双拼输入法是根据汉字的发音进行编码的，称为音码；五笔型输入法是根据汉字的字形结构进行编码的，称为形码；自然码输入法兼顾音、形编码，称为音形码。

8. 下列字符中，其 ASCII 码值最大的是（　　）。

A. STX　　B. 8　　C. E　　D. a

【答案】: D

【解析】: 在 ASCII 码中，有 4 组字符：一组是控制字符，如 LF，CR 等，其对应 ASCII 码值最小；第 2 组是数字 0～9，第 3 组是大写字母 A～Z，第 4 组是小写字母 a～z。这 4 组对应的值逐渐变大。字符对应数值的关系是“小写字母比大写字母对应数大，字母中越往后对应的值就越大”。

9. 以下关于机器语言的描述中，不正确的是（　　）。

A. 每种型号的计算机都有自己的指令系统，就是机器语言

B. 机器语言是唯一能被计算机识别的语言

C. 机器语言可读性强，容易记忆

D. 机器语言和其他语言相比，执行效率高

【答案】: C

【解析】: 机器语言中每条指令都是一串二进制代码，因此可读性差，不容易记忆，编写程序复杂，容易出错。

10. 将汇编语言转换成机器语言程序的过程称为（　　）。

A. 压缩过程　　B. 解释过程　　C. 汇编过程　　D. 链接过程

【答案】: C

【解析】: 汇编语言必须翻译成机器语言才能被执行，这个翻译过程是由事先存放在机器里的汇编程序完成的，称为汇编过程。

11. 下列 4 种软件中不属于应用软件的是（　　）。

A. Excel 2000　　B. WPS 2003

C. 财务管理系统　　D. Pascal 编译程序

【答案】: D

【解析】: 软件系统可分成系统软件和应用软件。前者又分为操作系统和语言处理系统，Pascal 就属于此类。

12. 下列有关软件的描述中，说法不正确的是（　　）。

A. 软件就是为方便使用计算机和提高使用效率而组织的程序以及有关文档

B. 所谓“裸机”，其实就是没有安装软件的计算机

C. dBASEⅢ，FoxPro，Oracle属于数据库管理系统，从某种意义上讲也是编程语言

D. 通常，软件安装的越多，计算机的性能就越先进

【答案】：D

【解析】：计算机的性能主要和计算机硬件配置有关系，安装软件的数量多少不会影响。

13. 最著名的国产文字处理软件是（　　）。

A. MS Word　　B. 金山 WPS　　C. 写字板　　D. 方正排版

【答案】：B

【解析】：金山公司出品的 WPS 办公软件套装是我国最著名的民族办公软件品牌。

14. 硬盘工作时应特别注意避免（　　）。

A. 噪声　　B. 震动　　C. 潮湿　　D. 日光

【答案】：B

【解析】：硬盘的特点是整体性好、密封好、防尘性能好、可靠性高，对环境要求不高。但是硬盘读取或写入数据时不宜震动，以免损坏磁头。

15. 针式打印机术语中，24 针是指（　　）。

A. 24×24 点阵　　B. 队号线插头有 24 针

C. 打印头内有 24×24 根针　　D. 打印头内有 24 根针

【答案】：D

【解析】：针式打印机即点阵打印机，是靠在脉冲电流信号的控制下，打印针击打的针点形成字符的点阵。

16. 在计算机中，既可作为输入设备又可作为输出设备的是（　　）。

A. 显示器　　B. 磁盘驱动器　　C. 键盘　　D. 图形扫描仪

【答案】：B

【解析】：磁盘驱动器通过磁盘可读也可写。

17. 以下关于病毒的描述中，正确的说法是（　　）。

A. 只要不上网，就不会感染病毒

B. 只要安装最好的杀毒软件，就不会感染病毒

C. 严禁在计算机上玩电脑游戏也是预防病毒的一种手段

D. 所有的病毒都会导致计算机越来越慢，甚至可能使系统崩溃

【答案】：C

【解析】：病毒的传播途径很多，网络是一种，但不是唯一的一种；再好的杀毒软件都不能清除所有的病毒；病毒的发作情况都不一样。

18. 下列关于计算机的叙述中，不正确的一条是（　　）。

A. 在微型计算机中，应用最普遍的字符编码是 ASCII 码

B. 计算机病毒就是一种程序

C. 计算机中所有信息的存储采用二进制

D. 混合计算机就是混合各种硬件的计算机

【答案】: D

【解析】: 混合计算机的“混合”就是集数字计算机和模拟计算机的优点于一身。

19. 下列关于计算机的叙述中，不正确的一条是（　　）。

A. 外部存储器又称为永久性存储器

B. 计算机中大多数运算任务都是由运算器完成的

C. 高速缓存就是 Cache

D. 借助反病毒软件可以清除所有的病毒

【答案】: D

【解析】: 任何反病毒软件都不可能清除所有的病毒。

附件 1:

全国计算机等级考试一级 MS Office 考试大纲（2018 年版）

一、基本要求

（1）具有微型计算机的基础知识（包括计算机病毒的防治常识）。

（2）了解微型计算机系统的组成和各部分的功能。

（3）了解操作系统的基本功能和作用，掌握 Windows 的基本操作和应用。

（4）了解文字处理的基本知识，熟练掌握文字处理 MS Word 的基本操作和应用，熟练掌握一种汉字（键盘）输入方法。

（5）了解电子表格软件的基本知识，掌握电子表格软件 Excel 的基本操作和应用。

（5）了解多媒体演示软件的基本知识，掌握演示文稿制作软件 PowerPoint 的基本操作和应用。

（7）了解计算机网络的基本概念和因特网（Internet）的初步知识，掌握 IE 浏览器软件和 Outlook Express 软件的基本操作和使用。

二、考试内容

1. 计算机基础知识

（1）计算机的发展、类型及其应用领域。

（2）计算机中数据的表示、存储与处理。

（3）多媒体技术的概念与应用。

（4）计算机病毒的概念、特征、分类与防治。

（5）计算机网络的概念、组成和分类；计算机与网络信息安全的概念和防控。

（6）因特网网络服务的概念、原理和应用。

2. 操作系统的功能和使用

（1）计算机软、硬件系统的组成及主要技术指标。

（2）操作系统的基本概念、功能、组成及分类。

（3）Windows 操作系统的基本概念和常用术语，文件、文件夹、库等。

（4）Windows 操作系统的基本操作和应用：

① 桌面外观的设置，基本的网络配置。

② 熟练掌握资源管理器的操作与应用。

③ 掌握文件、磁盘、显示属性的查看、设置等操作。

④ 中文输入法的安装、删除和选用。

⑤ 掌握检索文件、查询程序的方法。

⑥ 了解软、硬件的基本系统工具。

3. 文字处理软件的功能和使用

（1）Word 的基本概念，Word 的基本功能和运行环境，Word 的启动和退出。

（2）文档的创建、打开、输入、保存等基本操作。

（3）文本的选定、插入与删除、复制与移动、查找与替换等基本编辑技术；多窗口和多文档的编辑。

（4）字体格式设置、段落格式设置、文档页面设置、文档背景设置和文档分栏等基本排版技术。

（5）表格的创建、修改；表格的修饰；表格中数据的输入与编辑；数据的排序和计算。

（6）图形和图片的插入；图形的建立和编辑；文本框、艺术字的使用和编辑。

（7）文档的保护和打印。

4. 电子表格软件的功能和使用

（1）电子表格的基本概念和基本功能，Excel 的基本功能、运行环境、启动和退出。

（2）工作簿和工作表的基本概念和基本操作，工作簿和工作表的建立、保存和退出；数据输入和编辑；工作表和单元格的选定、插入、删除、复制、移动；工作表的重命名和工作表窗口的拆分和冻结。

（3）工作表的格式化，包括设置单元格格式、设置列宽和行高、设置条件格式、使用样式、自动套用模式和使用模板等。

（4）单元格绝对地址和相对地址的概念，工作表中公式的输入和复制，常用函数的使用。

（5）图表的建立、编辑和修改以及修饰。

（6）数据清单的概念，数据清单的建立，数据清单内容的排序、筛选、分类汇总，数据合并，数据透视表的建立。

（7）工作表的页面设置、打印预览和打印，工作表中链接的建立。

（8）保护和隐藏工作簿和工作表。

5. PowerPoint 的功能和使用

（1）中文 PowerPoint 的功能、运行环境、启动和退出。
（2）演示文稿的创建、打开、关闭和保存。
（3）演示文稿视图的使用，幻灯片基本操作（版式、插入、移动、复制和删除）。
（4）幻灯片基本制作（文本、图片、艺术字、形状、表格等插入及其格式化）。
（5）演示文稿主题选用与幻灯片背景设置。
（6）演示文稿放映设计（动画设计、放映方式、切换效果）。
（7）演示文稿的打包和打印。

6. 因特网（Internet）的初步知识和应用

（1）了解计算机网络的基本概念和因特网的基础知识，主要包括网络硬件和软件，TCP/IP 协议的工作原理，以及网络应用中常见的概念，如域名、IP 地址、DNS 服务等。
（2）能够熟练掌握浏览器、电子邮件的使用和操作。

三、考试方式

上机考试，考试时长 90 分钟，满分 100 分。

1. 题型及分值

（1）单项选择题（计算机基础知识和网络的基本知识） 20 分；
（2）Windows 操作系统的使用 10 分；
（3）Word 操作 25 分；
（4）Excel 操作 20 分；
（5）PowerPoint 操作 15 分；
（6）浏览器（IE）的简单使用和电子邮件收发 10 分。

2. 考试环境

（1）操作系统：中文版 Windows 7；
（2）考试环境：Microsoft Office 2010。

附件 2：

全国计算机等级考试一级 WPS Office 考试大纲（2018 年版）

一、基本要求

（1）具有微型计算机的基础知识（包括计算机病毒的防治常识）。

（2）了解微型计算机系统的组成和各部分的功能。

（3）了解操作系统的基本功能和作用，掌握 Windows 的基本操作和应用。

（4）了解文字处理的基本知识，熟练掌握文字处理 WPS 文字的基本操作和应用，熟练掌握一种汉字（键盘）输入方法。

（5）了解电子表格软件的基本知识，掌握 WPS 表格的基本操作和应用。

（6）了解多媒体演示软件的基本知识，掌握演示文稿制作软件 WPS 演示的基本操作和应用。

（7）了解计算机网络的基本概念和因特网（Internet）的初步知识，掌握 IE 浏览器软件和 Outlook Express 软件的基本操作和使用。

二、考试内容

1. 计算机基础知识

（1）计算机的发展、类型及其应用领域。

（2）计算机中数据的表示、存储与处理。

（3）多媒体技术的概念与应用。

（4）计算机病毒的概念、特征、分类与防治。

（5）计算机网络的概念、组成和分类；计算机与网络信息安全的概念和防控。

（6）因特网网络服务的概念、原理和应用。

2. 操作系统的功能和使用

（1）计算机软、硬件系统的组成及主要技术指标。

（2）操作系统的基本概念、功能、组成及分类。

（3）Windows 操作系统的基本概念和常用术语，文件、文件夹、库等。

（4）Windows 操作系统的基本操作和应用：

① 桌面外观的设置，基本的网络配置。

② 熟练掌握资源管理器的操作与应用。

③ 掌握文件、磁盘、显示属性的查看、设置等操作。

④ 中文输入法的安装、删除和选用。

⑤ 掌握检索文件、查询程序的方法。

⑥ 了解软、硬件的基本系统工具。

3. WPS 文字处理软件的功能和使用

（1）文字处理软件的基本概念，WPS 文字的基本功能、运行环境、启动和退出。

（2）文档的创建、打开和基本编辑操作，文本的查找与替换，多窗口和多文档的编辑。

（3）文档的保存、保护、复制、删除、插入。

（4）字体格式、段落格式和页面格式设置等基本操作，页面设置和打印预览。

（5）WPS 文字的图形功能，图形、图片对象的编辑及文本框的使用。

（6）WPS 文字表格制作功能，表格结构、表格创建、表格中数据的输入与编辑及表格样式的使用。

4. WPS 表格软件的功能和使用

（1）电子表格的基本概念，WPS 表格的功能、运行环境、启动与退出。

（2）工作簿和工作表的基本概念，工作表的创建、数据输入、编辑和排版。

（3）工作表的插入、复制、移动、更名、保存等基本操作。

（4）工作表中公式的输入与常用函数的使用。

（5）工作表数据的处理，数据的排序、筛选、查找和分类汇总，数据合并。

（6）图表的创建和格式设置。

（7）工作表的页面设置、打印预览和打印。

（8）工作簿和工作表数据安全、保护及隐藏操作。

5. WPS 演示软件的功能和使用

（1）演示文稿的基本概念，WPS 演示的功能、运行环境、启动与退出。

（2）演示文稿的创建、打开和保存。

（3）演示文稿视图的使用，演示页的文字编排、图片和图表等对象的插入，演示页的插入、删除、复制以及演示页顺序的调整。

（4）演示页版式的设置、模板与配色方案的套用、母版的使用。

（5）演示页放映效果的设置、换页方式及对象动画的选用，演示文稿的播放与打印。

6. 因特网（Internet）的初步知识和应用

（1）了解计算机网络的基本概念和因特网的基础知识，主要包括网络硬件和软件，TCP/IP 协议的工作原理，以及网络应用中常见的概念，如域名、IP 地址、DNS 服务等。

（2）能够熟练掌握浏览器、电子邮件的使用和操作。

三、考试方式

（1）采用无纸化考试，上机操作。考试时间为 90 分钟。

（2）软件环境：Windows 7 操作系统，WPS Office 2012 办公软件。

（3）在指定时间内，完成下列各项操作：

① 选择题（计算机基础知识和网络的基本知识）20 分；

② Windows 操作系统的使用 10 分；

③ WPS 文字的操作 25 分；

④ WPS 表格的操作 20 分；

⑤ WPS 演示软件的操作 15 分；

⑥ 浏览器（IE）的简单使用和电子邮件收发 10 分。

附件 3：

全国计算机等级考试二级 MS Office 高级应用考试大纲（2018 年版）

一、基本要求

（1）掌握计算机基础知识及计算机系统组成。

（2）了解信息安全的基本知识，掌握计算机病毒及防治的基本概念。

（3）掌握多媒体技术基本概念和基本应用。

（4）了解计算机网络的基本概念和基本原理，掌握因特网网络服务和应用。

（5）正确采集信息并能在文字处理软件 Word、电子表格软件 Excel、演示文稿制作软件 PowerPoint 中熟练应用。

（6）掌握 Word 的操作技能，并熟练应用编制文档。

（7）掌握 Excel 的操作技能，并熟练应用进行数据计算及分析。

（8）掌握 PowerPoint 的操作技能，并熟练应用制作演示文稿。

二、考试内容

1. 计算机基础知识

（1）计算机的发展、类型及其应用领域。

（2）计算机软硬件系统的组成及主要技术指标。

（3）计算机中数据的表示与存储。

（4）多媒体技术的概念与应用。

（5）计算机病毒的特征、分类与防治。

（6）计算机网络的概念、组成和分类；计算机与网络信息安全的概念和防控。

（7）因特网网络服务的概念、原理和应用。

2. Word 的功能和使用

（1）Microsoft Office 应用界面使用和功能设置。

（2）Word 的基本功能，文档的创建、编辑、保存、打印和保护等基本操作。

（3）设置字体和段落格式、应用文档样式和主题、调整页面布局等排版操作。

（4）文档中表格的制作与编辑。

（5）文档中图形、图像（片）对象的编辑和处理，文本框和文档部件的使用，符号与数学公式的输入与编辑。

（6）文档的分栏、分页和分节操作，文档页眉、页脚的设置，文档内容引用操作。

（7）文档审阅和修订。

（8）利用邮件合并功能批量制作和处理文档。

（9）多窗口和多文档的编辑，文档视图的使用。

（10）分析图文素材，并根据需求提取相关信息引用到 Word 文档中。

3. Excel 的功能和使用

（1）Excel 的基本功能，工作簿和工作表的基本操作，工作视图的控制。

（2）工作表数据的输入、编辑和修改。

（3）单元格格式化操作、数据格式的设置。

（4）工作簿和工作表的保护、共享及修订。

（5）单元格的引用、公式和函数的使用。

（6）多个工作表的联动操作。

（7）迷你图和图表的创建、编辑与修饰。

（8）数据的排序、筛选、分类汇总、分组显示和合并计算。

（9）数据透视表和数据透视图的使用。

（10）数据模拟分析和运算。

（11）宏功能的简单使用。

（12）获取外部数据并分析处理。

（13）分析数据素材，并根据需求提取相关信息引用到 Excel 文档中。

4. PowerPoint 的功能和使用

（1）PowerPoint 的基本功能和基本操作，演示文稿的视图模式和使用。

（2）演示文稿中幻灯片的主题设置、背景设置、母版制作和使用。

（3）幻灯片中文本、图形、SmartArt、图像（片）、图表、音频、视频、艺术字等对象的编辑和应用。

（4）幻灯片中对象动画、幻灯片切换效果、链接操作等交互设置。

（5）幻灯片放映设置，演示文稿的打包和输出。

（6）分析图文素材，并根据需求提取相关信息引用到 PowerPoint 文档中。

三、考试方式

上机考试，考试时长 120 分钟，满分 100 分。

1. 题型及分值

（1）单项选择题 20 分（含公共基础知识部分 10 分）；
（2）Word 操作 30 分。
（3）Excel 操作 30 分。
（4）PowerPoint 操作 20 分。

2. 考试环境

（1）操作系统：中文版 Windows 7；
（2）考试环境：Microsoft Office 2010。

附件 4：

计算机一级 MS Office 模拟题（一）

一、选择题（每小题 1 分，共 20 分）

1. 以下不是我国知名的高性能巨型计算机的是（　　）。

A. 银河　　B. 曙光　　C. 神威　　D. 紫金

2. 无符号二进制整数 1111001 转换成十进制数是（　　）。

A. 117　　B. 119　　C. 120　　D. 121

3. 十进制数 57 转换成二进制整数是

A. 0111001　　B. 0110101　　C. 0110011　　D. 0110111

4. 字符比较大小实际是比较它们的 ASCII 码值，下列说法正确的是（　　）。

A. “A”比“B”大　　B. “H”比“h”小

C. “F”比“D”小　　D. “9”比“D”大

5. 已知某汉字的区位码是 2256，则其国标码是（　　）。

A. 7468 D　　B. 3630 H　　C. 3658 H　　D. 5650 H

6. 1 KB 的准确数值是

A. 1024 Bytes　　B. 1000 Bytes　　C. 1024 bits　　D. 1000 bits

7. 把用高级程序设计语言编写的源程序翻译成目标程序(.OBJ)的程序称为(　　)。

A. 汇编程序　　B. 编辑程序　　C. 编译程序　　D. 解释程序

8. 以下设备中不是计算机输出设备的是（　　）。

A. 打印机　　B. 鼠标　　C. 显示器　　D. 绘图仪

9. 在所列的软件中，属于应用软件的有（　　）。

① WPs Office 2003；② Windows 2000；③ 财务管理软件；④ UNIX；⑤ 学籍管理系统；⑥ MS.DOS；⑦ Linux

A. ①②③　　B. ①③⑤　　C. ①③⑤⑦　　D. ②④⑥⑦

10. 把内存中的数据保存到硬盘上的操作称为（　　）。

A. 显示　　B. 写盘　　C. 输入　　D. 读盘

11. 下面关于随机存取存储器（RAM）的叙述中，正确的是（　　）。

A. RAM 分静态 RAM（SRAM）和动态 RAM（DRAM）两大类

B. SRAM 的集成度比 DRAM 高

C. DRAM 的存取速度比 SRAM 快

D. DRAM 中存储的数据无须刷新

12. 微型计算机使用的键盘上的键称为（　　）。

A. 控制键　　B. 上档键　　C. 退格键　　D. 功能键

13. 下列度量单位中，用来度量 CPU 的时钟主频的是（　　）。

A. Mb/s　　B. MIPS　　C. GHz　　D. MB

14. 下列叙述中，正确的是（　　）。

A. 所有计算机病毒只在可执行文件中传染

B. 计算机病毒可通过读写移动存储器或 Internet 网络进行传播

C. 只要把带病毒优盘设置成只读状态，此盘上的病毒就不会因读盘而传染给另一台计算机

D. 计算机病毒是由于光盘表面不清洁而造成的

15. 下列选项中，不属于计算机病毒特征的是（　　）。

A. 破坏性　　B. 潜伏性　　C. 传染性　　D. 免疫性

16. 防止软盘感染病毒的有效方法是（　　）。

A. 对软盘进行写保护

B. 不要把软盘与病毒的软盘放在一起

C. 保持软盘的清洁

D. 定期对软盘进行格式化

17. 下列各指标中，属于数据通信系统的主要技术指标之一的是（　　）。

A. 误码率　　B. 重码率　　C. 分辨率　　D. 频率

18. TCP 协议的主要功能是（　　）。

A. 对数据进行分组　　B. 确保数据的可靠传输

C. 确定数据传输路径　　D. 提高数据传输速度

19. Internet 提供的最常用、便捷的通信服务是（　　）。

A. 文件传输（FTP）　　B. 远程登录（Telnet）

C. 电子邮件（E-mail）　　D. 万维网（WWW）

20. 用综合业务数字网（又称一线通）接入因特网的优点是上网通话两不误，它的英文缩写是（　　）。

A. ADSL　　B. ISDN　　C. ISP　　D. TCP

二、基本操作题（10 分）

Windows 基本操作题，不限制操作的方式。

注意：下面出现的所有文件都必须保存在考生文件夹下。

本题型共有 5 小题：

1. 在考生文件夹中分别建立 AAA 和 BBB 两个文件夹。
2. 在 AAA 文件夹中新建一个名为 XUN.TXT 的文件。
3. 删除考生文件夹下 A2006 文件夹中的 NAW.TXT 文件。
4. 搜索考生文件夹下的 REKC 文件，然后将其复制到考生文件夹下的 AAA 文件夹中。
5. 为考生文件夹下 TOU 文件夹建立名为 TOUB 的快捷方式，存放在考生文件夹下的 BBB 文件夹中。

三、Word 操作题（25 分）

请在“答题”菜单下选择“字处理”命令，然后按照题目要求再打开相应的命令，完成下面的内容，具体要求如下：

注意：下面出现的所有文件都必须保存在考生文件夹下。

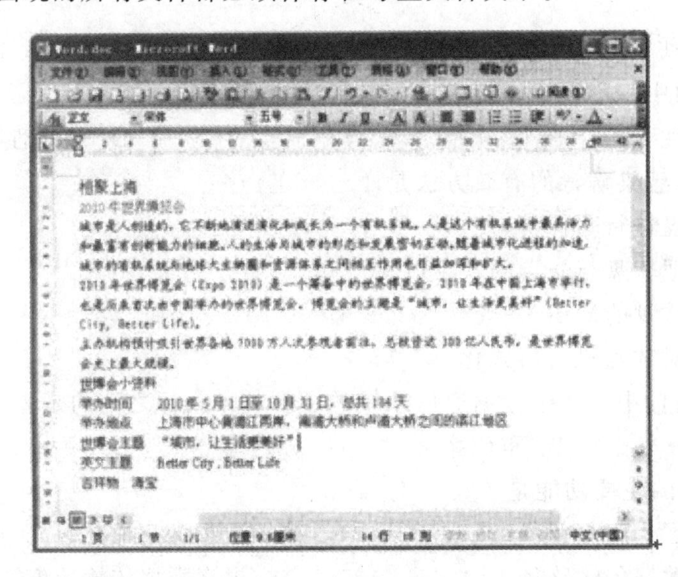

（1）将大标题段（“相聚上海”）文字设置为三号红色阴影黑体、加粗、居中。

（2）将小标题段（“2010 年世界博览会”）中的文字设置为四号楷体_GB2312、红色、居中。

（3）将段落（“世博会小资料”）进行段前分页，使得“世博会小资料”及其后面的内容分隔到下一页，插入页码位置为“页面顶端（页眉）”、对齐方式为“居中”、且“首页显示页码”。

（4）将文中最后 5 行文字转换为 5 行 2 列的表格。设置表格居中，表格中所有文字中部居中。

（5）将表格的标题段文字（“世博会小资料”）设置为四号蓝色空心黑体、居中；设置表格所有框线为 1 磅蓝色单实线。

四、Excel 操作题（20 分）

请在“答题”菜单下选择“电子表格”命令，然后按照题目要求再打开相应的命令，完成下面的内容，具体要求如下：

注意：下面出现的所有文件都必须保存在考生文件夹下。

	A	B	C	D	E	F	G	H
1	某单公司员工工资表							
2	员工号	基本工资	绩效工资	奖金	总工资			
3	AS1	2400	8911	600				
4	AS2	2200	328	500				
5	AS3	2000	328	300				
6	AS4	2500	7824	700				
7	AS5	2700	4381	800				
8	AS6	2200	2346	500				
9	AS7	2800	8437	900				
10	AS8	3800	2373	700				
11	AS9	2500	2344	700				
12	AS10	2200	902	500				
13	AS11	2500	7824	700				
14	AS12	2500	7824	700				
15	AS13	2800	8437	900				
16	AS14	2200	902	500				
17	AS15	2500	7824	700				
18				平均工资				

（1）在考生文件夹下打开 EXCEL.XLS 文件，将 Sheet1 工作表的 A1：E1 单元格合并为一个单元格，内容水平居中；用公式计算“总工资”列的内容，在 E18 单元格内给出按总工资计算的平均工资（利用公式 AVERAGE 函数）；利用条件格式将总工资大于或等于 6000 的单元格设置为绿色，把 A2：E17 区域格式设置为自动套用格式“序列 1”；将工作表命名为“职工工资情况表”，保存 EXCEL.XLS 文件。

	A	B	C	D	E	F
1	某厂保温杯销售情况表					
2	经销部门	产品名称	季度	数量	单价	销售额(元)
3	第3销售部	A型保温杯	3	1101	￥32.80	￥36,112.80
4	第3销售部	A型保温杯	2	1109	￥32.80	￥36,375.20
5	第1销售部	B型保温杯	2	1234	￥26.90	￥33,194.60
6	第2销售部	C型保温杯	2	1453	￥23.50	￥34,145.50
7	第2销售部	C型保温杯	1	1367	￥23.50	￥32,124.50
8	第3销售部	B型保温杯	4	1638	￥26.90	￥44,062.20
9	第1销售部	B型保温杯	4	1728	￥26.90	￥46,483.20
10	第3销售部	C型保温杯	4	1860	￥23.50	￥43,710.00
11	第2销售部	C型保温杯	4	1809	￥23.50	￥42,511.50
12	第2销售部	B型保温杯	1	1190	￥26.90	￥32,011.00
13	第2销售部	B型保温杯	4	1196	￥26.90	￥32,172.40
14	第2销售部	B型保温杯	3	1205	￥26.90	￥32,414.50
15	第2销售部	C型保温杯	1	1206	￥23.50	￥28,341.00
16	第2销售部	B型保温杯	2	1211	￥26.90	￥32,575.90
17	第3销售部	B型保温杯	3	1218	￥26.90	￥32,764.20
18	第2销售部	A型保温杯	1	1221	￥32.80	￥40,048.80
19	第3销售部	A型保温杯	4	1230	￥32.80	￥40,344.00

（2）打开工作簿文件 EXC.XLS，对工作表“产品销售情况表”内数据清单的内容进行筛选，条件为“各销售部第 3 季度和第 4 季度、销售数量超过 1200 的产品”，工作表名不变，保存 EXC.XLS 文件。

五、PowerPoint 操作题（15 分）

请在“答题”菜单下选择“演示文稿”命令，然后按照题目要求再打开相应的命令，完成下面的内容，具体要求如下：

注意：下面出现的所有文件都必须保存在考生文件夹下。

打开考生文件夹下的演示文稿 yswg.ppt，按照下列要求完成对此文稿的修饰并保存。

（1）第二张幻灯片的版式改为“标题，剪贴画与竖排文字”，图片放入剪贴画区域，图片的动画设置为“进入效果温和型伸展”、“自左侧”。插入一张幻灯片作为第一张幻灯片，版式为“标题幻灯片”，输入主标题文字“鸭子漂流记”， 副标题文字为“遇风暴玩具鸭坠海”。主标题的字体设置为“黑体”，字号设置为 65 磅，加粗。副标题字体设置为“仿宋 GB2312”，字号为 31 磅，颜色为红色（请用自定义标签的红色 250、绿色 0、蓝色 0）。

（2）删除第二张幻灯片。全部幻灯片切换效果为“随机”。

六、上网题（10 分）

请在“答题”菜单下选择相应的命令，完成下面的内容（注意：下面出现的所有文件都必须保存在考生文件夹下）：

（1）给同学王海发邮件，Email 地址是：wanghai-1983@sohu.tom，主题为：古诗。正文为：“王海，你好，你要的古诗两首在邮件附件中，请查收。”将考生文件夹下文件“libai1.txt”和“libai2.txt”粘贴至邮件附件中。发送邮件。

（2）打开 http：//www/web/clm.htm 页面，浏览对“端午龙舟”栏目的介绍，找到其中介绍端午的内容，在考生文件夹中新建文本文件 search.txt，复制链接地址到 search.txt 中并保存。

附件 5：

计算机二级 MS Office 模拟题（一）

一、选择题

1. 一个栈的初始状态为空。现将元素 1、2、3、4、5、A、B、c、D、E 依次入栈，然后再依次出栈，则元素出栈的顺序是（　　）。

A. 12345ABCDE　　B. EDCBA54321

C. ABCDE12345　　D. 54321EDCBA

2. 下列叙述中正确的是（　　）。

A. 循环队列有队头和队尾两个指针，因此循环队列是非线性结构

B. 在循环队列中，只需要队头指针就能反映队列中元素的动态变化情况

C. 在循环队列中，只需要队尾指针就能反映队列中元素的动态变化情况

D. 循环队列中元素的个数是由队头指针和队尾指针共同决定的

3. 在长度为 n 的有序线性表中进行二分查找，最坏情况下需要比较的次数是（　　）。

A. O（n）　　B. O（n^2）　　C. O（$\log_2 n$）　　D. O（$n\log_2 n$）

4. 下列叙述中正确的是（　　）。

A. 顺序存储结构的存储一定是连续的，链式存储结构的存储空间不一定是连续的

B. 顺序存储结构只针对线性结构，链式存储结构只针对非线性结构

C. 顺序存储结构能存储有序表，链式存储结构不能存储有序表

D. 链式存储结构比顺序存储结构节省存储空间

5. 数据流图中带有箭头的线段表示的是（　　）。

A. 控制流　　B. 事件驱动　　C. 模块调用　　D. 数据流

6. 在软件开发中，需求分析阶段可以使用的工具是（　　）。

A. N-S 图　　B. DFD 图　　C. PAD 图　　D. 程序流程图

7. 在面向对象方法中，不属于“对象”基本特点的是（　　）。

A. 一致性　　B. 分类性　　C. 多态性　　D. 标识唯一性

8. 一间宿舍可住多个学生，则实体宿舍和学生之间的联系是（　　）。

A. 一对一　　B. 一对多　　C. 多对一　　D. 多对多

9. 在数据管理技术发展的三个阶段中，数据共享最好的是（　　）。
A. 人工管理阶段　　B. 文件系统阶段
C. 数据库系统阶段　　D. 三个阶段相同
10. 在计算机中，组成一个字节的二进制位数是（　　）。
A. 1　　B. 2　　C. 4　　D. 8
11. 下列选项属于“计算机安全设置”的是（　　）。
A. 定期备份重要数据　　B. 不下载来路不明的软件及程序
C. 停掉 Guest 帐号　　D. 安装杀（防）毒软件
12. 下列设备组中，完全属于输入设备的一组是（　　）。
A. CD-ROM 驱动器，键盘，显示器　　B. 绘图仪，键盘，鼠标器
C. 键盘，鼠标器，扫描仪　　D. 打印机，硬盘，条码阅读器
13. 下列软件中，属于系统软件的是（　　）。
A. 航天信息系统　　B. Office 2003
C. WindowsVista　　D. 决策支持系统
14. 如果删除一个非零无符号二进制偶整数后的 2 个 0，则此数的值为原数的（　　）。
A. 4 倍　　B. 2 倍　　C. 1/2　　D. 1/4
15. 计算机硬件能直接识别、执行的语言是（　　）。
A. 汇编语言　　B. 机器语言　　C. 高级程序语言　　D. C++语言
16. 微机硬件系统中最核心的部件是（　　）。
A. 内存储器　　B. 输入输出设备　　C. CPU　　D. 硬盘
17. 用“综合业务数字网”（又称“一线通”）接入因特网的优点是上网通话两不误，它的英文缩写是（　　）。
A. ADS1　　B. ISDN　　C. ISP　　D. TCP
18. 计算机指令由两部分组成，它们是（　　）。
A. 运算符和运算数　　B. 操作数和结果
C. 操作码和操作数　　D. 数据和字符
19. 能保存网页地址的文件夹是（　　）。
A. 收件箱　　B. 公文包　　C. 我的文档　　D. 收藏夹

二、字处理题

请在【答题】菜单下选择【进入考生文件夹】命令，并按照题目要求完成下面的操作。

注意：以下的文件必须都保存在考生文件夹下。

公司将于今年举办“创新产品展示说明会”，市场部助理小王需要将会议邀请函制作完成并寄送给相关的客户。现在，请你按照如下需求，在 Word.docx 文档中完成制作工作：

1. 将文档中“会议议程:”段落后的 7 行文字转换为 3 列、7 行的表格，并根据窗口

大小自动调整表格列宽。

2. 为制作完成的表格套用一种表格样式，使表格更加美观。

3. 为了可以在以后的邀请函制作中再利用会议议程内容，将文档中的表格内容保存至“表格”部件库，并将其命名为“会议议程”。

4. 将文档末尾处的日期调整为可以根据邀请函生成日期而自动更新的格式，日期格式显示为“2014 年 1 月 1 日”。

5. 在“尊敬的”文字后面，插入拟邀请的客户姓名和称谓。拟邀请的客户姓名在考生文件夹下的“通讯录.x1sx”文件中，客户称谓则根据客户性别自动显示为“先生”或“女士”，例如“范俊弟（先生）”、“黄雅玲（女士）”。

6. 每个客户的邀请函占 1 页内容，且每页邀请函中只能包含 1 位客户姓名，所有的邀请函页面另外保存在一个名为“Word 一邀请函.docx”文件中。如果需要，删除“Word 一邀请函.docx”文件中的空白页面。

7. 本次会议邀请的客户均来自台资企业，因此，将“Word 一邀请函.docx”中的所有文字内容设置为繁体中文格式，以便于客户阅读。

8. 文档制作完成后，分别保存“Word.docx”文件和“Word 一邀请函.docx”文件。

9. 关闭 Word 应用程序，并保存所提示的文件。

三、电子表格题

请在【答题】菜单下选择【进入考生文件夹】命令，并按照题目要求完成下面的操作。

注意：以下的文件必须都保存在考生文件夹下。

销售部助理小王需要根据 2012 年和 2013 年的图书产品销售情况进行统计分析，以便制订新 年的销售计划和工作任务。现在，请你按照如下需求，在文档“EXCE1. X1SX”中完成以下工作并保存。

1. 在“销售订单”工作表的“图书编号”列中，使用 V1OOKUP 函数填充所对应“图书名称”的“图书编号”，“图书名称”和“图书编号”的对照关系请参考“图书编目表”工作表。

2. 将“销售订单”工作表的“订单编号”列按照数值升序方式排序，并将所有重复的订单编号数值标记为紫色（标准色）字体，然后将其排列在销售订单列表区域的顶端。

3. 在“2013 年图书销售分析”工作表中，统计 2013 年各类图书在每月的销售量，并将统计结果填充在所对应的单元格中。为该表添加汇总行，在汇总行单元格中分别计算每月图书的总销量。

4. 在“2013 年图书销售分析”工作表中的 N4：N11 单元格中，插入用于统计销售趋势的迷你折线图，各单元格中迷你图的数据范围为所对应图书的 1 月 ~ 12 月销售数据。并为各迷你折线图标记销量的最高点和最低点。

5. 根据“销售订单”工作表的销售列表创建数据透视表，并将创建完成的数据透视表放置在新工作表中，以 A1 单元格为数据透视表的起点位置。将工作表重命名为“2012

年书店销量”。

6. 在“2012年书店销量”工作表的数据透视表中，设置“日期”字段为列标签，“书店名称”字段为行标签，“销量（本）”字段为求和汇总项。并在数据透视表中显示2012年期间各书店每季度的销量情况。

提示：为了统计方便，请勿对完成的数据透视表进行额外的排序操作。

四、演示文稿题

请在【答题】菜单下选择【进入考生文件夹】命令，并按照题目要求完成下面的操作。

注意：以下的文件必须都保存在考生文件夹下。

公司计划在“创新产品展示及说明会”会议茶歇期间，在大屏幕投影上向来宾自动播放会议的日程和主题，因此需要市场部助理小王完善PowerPoint.pptx文件中的演示内容。现在，请你按照如下需求，在PowerPoint中完成制作工作并保存。

1. 由于文字内容较多，将第7张幻灯片中的内容区域文字自动拆分为2张幻灯片进行展示。

2. 为了布局美观，将第6张幻灯片中的内容区域文字转换为“水平项目符号列表”SmartArt布局，并设置该SmartArt样式为“中等效果”。

3. 在第5张幻灯片中插入一个标准折线图，并按照如下数据信息调整PowerPoint中的图表内容。

笔记本电脑平板电脑智能手机

2010年7.61.41.0

2011年6.11.72.2

2012年5.32.12.6

2013年4.52.53

2014年2.93.23.9

4. 为该折线图设置“擦除”进入动画效果，效果选项为“自左侧”，按照“系列”逐次单击显示“笔记本电脑”“平板电脑”和“智能手机”的使用趋势。最终，仅在该幻灯片中保留这3个系列的动画效果。

5. 为演示文档中的所有幻灯片设置不同的切换效果。

6. 为演示文档创建3个节，其中“议程”节中包含第1张和第2张幻灯片，“结束”节中包含最后1张幻灯片，其余幻灯片包含在“内容”节中。

7. 为了实现幻灯片可以自动放映，设置每张幻灯片的自动放映时间不少于2秒钟。

8. 删除演示文档中每张幻灯片的备注文字信息。

附件 6：

计算机二级 MS Office 模拟题（二）

一、选择题（每小题 1 分，共 20 分）

1. 下面描述中，不属于软件危机表现的是（　　）。
   A. 软件过程不规范　　B. 软件开发生产率低
   C. 软件质量难以控制　　D. 软件成本不断提高
2. 下面不属于需求分析阶段任务的是（　　）。
   A. 确定软件系统的功能需求　　B. 确定软件系统的性能需求
   C. 需求规格说明书评审　　D. 制订软件集成测试计划
3. 在黑盒测试方法中，设计测试用例的主要根据是（　　）。
   A. 程序内部逻辑　　B. 程序外部功能
   C. 程序数据结构　　D. 程序流程图
4. 在软件设计中不使用的工具是（　　）。
   A. 系统结构图　　B. PAD 图
   C. 数据流图（DFD 图）　　D. 程序流程图
5. 下列叙述中正确的是（　　）。
   A. 循环队列是队列的一种链式存储结构
   B. 循环队列是队列的一种顺序存储结构
   C. 循环队列是非线性结构
   D. 循环队列是一种逻辑结构
6. 下列关于线性链表的叙述中，正确的是（　　）。
   A. 各数据结点的存储空间可以不连续，但它们的存储顺序与逻辑顺序必须一致
   B. 各数据结点的存储顺序与逻辑顺序可以不一致，但它们的存储空间必须连续
   C. 进行插入与删除时，不需要移动表中的元素
   D. 以上说法均不正确
7. 面向对象方法中，实现对象的数据和操作结合于统一体中的是（　　）。
   A. 结合　　B. 封装　　C. 隐藏　　D. 抽象

8. 在进行逻辑设计时，将 E—R 图中实体之间联系转换为关系数据库的（ ）.

A. 关系 B. 元组 C. 属性 D. 属性的值域

9. 线性表的链式存储结构与顺序存储结构相比，链式存储结构的优点是（ ）。

A. 节省存储空间 B. 插入与删除运算效率高

C. 便于查找 D. 排序时减少元素的比较次数

10. 深度为 7 的完全二叉树中共有 125 个节点，则该完全二叉树中的叶子节点数为（ ）。

A. 62 B. 63 C. 64 D. 65

11. 下列叙述中正确的是（ ）。

A. 循环队列是队列的一种链式存储结构

B. 循环队列是队列的一种顺序存储结构

C. 循环队列是非线性结构

D. 循环队列是一种逻辑结构

12. 下列关于线性链表的叙述中，正确的是（ ）。

A. 各数据节点的存储空间可以不连续，但它们的存储顺序与逻辑顺序必须一致

B. 各数据节点的存储顺序与逻辑顺序可以不一致，但它们的存储空间必须连续

C. 进行插入与删除时，不需要移动表中的元素

D. 以上说法均不正确

13. 一棵二叉树共有 25 个节点，其中 5 个是叶子节点，则度为 1 的节点数为（ ）。

A. 16 B. 10 C. 6 D. 4

14. 在下列模式中，能够给出数据库物理存储结构与物理存取方法的是（ ）。

A. 外模式 B. 内模式 C. 概念模式 D. 逻辑模式

15. 在满足实体完整性约束的条件下（ ）。

A. 一个关系中应该有一个或多个候选关键字

B. 一个关系中只能有一个候选关键字

C. 一个关系中必须有多个候选关键字

D. 一个关系中可以没有候选关键字

16. 有三个关系 R、S 和 T 如下，则由关系 R 和 S 得到关系 T 的操作是（ ）。

R

A	B	C
a	1	2
b	2	1
c	3	1

S

A	B
c	3

T

C
1

A. 自然连接 B. 交 C. 除 D. 并

17. 下面描述中，不属于软件危机表现的是（ ）。

A. 软件过程不规范 B. 软件开发生产率低

C. 软件质量难以控制　　D. 软件成本不断提高

18. 下面不属于需求分析阶段任务的是（　　）。

A. 确定软件系统的功能需求　　B. 确定软件系统的性能需求

C. 需求规格说明书评审　　D. 制订软件集成测试计划

19. 在黑盒测试方法中，设计测试用例的主要根据是（　　）。

A. 程序内部逻辑　　B. 程序外部功能

C. 程序数据结构　　D. 程序流程图

20. 在软件设计中不使用的工具是（　　）。

A. 系统结构图　　B. PAD 图

C. 数据流图（DFD 图）　　D. 程序流程图

二、字处理题（共 30 分）

请在【答题】菜单下选择【进入考生文件夹】命令，并按照题目要求完成下面的操作。

注意：以下的文件必须都保存在考生文件夹下。

某单位的办公室秘书小马接到领导的指示，要求其提供一份最新的中国互联网络发展状况统计情况。小马从网上下载了一份未经整理的原稿，按下列要求帮助他对该文档进行排版操作并按指定的文件名进行保存：

1. 打开考生文件夹下的文档“Word 素材.docx”，将其另存为“中国互联网络发展状况统计报告.docx”，后续操作均基于此文件。

2. 按下列要求进行页面设置：纸张大小 A4，对称页边距，上、下边距各 2.5 cm，内侧边距 2.5 cm、外侧边距 2 cm，装订线 1 cm，页眉、页脚均距边界 1.1 cm。

3. 文稿中包含 3 个级别的标题，其文字分别用不同的颜色显示。按下述要求对书稿应用样式和样式格式进行修改。

4. 为书稿中用黄色底纹标出的文字“手机上网比例首超传统 PC”添加脚注，脚注位于页面底部，编号格式为①、②……，内容为“网民最近半年使用过台式机或笔记本或同时使用台式机和笔记本统称为传统 PC 用户”。

5. 将考试文件夹下的图片 pic1. png 插入到书稿中用浅绿色底纹标出的文字“调查总体细分图示”上方的空行中，在说明文字“调查总体细分图示”左侧添加格式如“图 1”、“图 2”的题注，添加完毕，将样式“题注”的格式修改为楷体、小五号字、居中。在图片上方用浅绿色底纹标出的文字的适当位置引用该题注。

6. 参照示例文件 cover.png，为文档设计封面并对前言进行适当的排版。封面和前言必须位于同一节中且无页眉页脚和页码。封面上的图片可取自考生文件下的文件 Logo.jpg，并应进行适当的剪裁。

7. 在前言内容和报告摘要之间插入自动目录，要求包含标题第 1—3 级及对应页码，目录的页眉页脚按下列格式设计：页脚居中显示大写罗马数字Ⅰ、Ⅱ格式的页码，起始页码为 1 且自奇数页码开始；页眉居中插入文档标题属性信息。

8. 自报告摘要开始为正文。为正文设计下述格式的页码：自奇数页码开始，起始页码为 1，页码格式为阿拉伯数字 1、2、3……。偶数页页眉内容依次显示：页码、一个全角空格、文档属性中的作者信息，居左显示。奇数页页眉内容依次显示：章标题、一个全角空格、页码，居右显示，并在页眉内容下添加横线。

9. 将文稿中所有的西文空格删除，然后对目录进行更新。

三、电子表格题

请在【答题】菜单下选择【进入考生文件夹】命令，并按照题目要求完成下面的操作。

注意：以下的文件必须都保存在考生文件夹下。

滨海市对重点中学组织了一次物理统考并生成了所有考生和每一个题目的得分。市教委要求小罗老师根据已有数据，统计分析各学校及班级的考试情况。请根据考生文件夹下“素材.xlsx”中的数据，帮助小罗完成此项工作。具体要求如下：

1. 将“素材.xlsx”另存为“滨海市 2015 年春高二物理统考情况分析.xlsx”文件，后续操作均基于此文件。

2. 利用“成绩单”、“小分统计”和“分值表”工作表中的数据，完成“按班级汇总”和“按学校汇总”工作表中相应空白列的数值计算。具体提示如下：

（1）“考试学生数”列必须利用公式计算，“平均分”列由“成绩单”工作表数据计算得出。

（2）“分值表”工作表中给出了本次考试各题的类型及分值。（备注：本次考试一共 50 道小题，其中【1】至【40】为客观题，【41】至【50】为主观题）。

（3）“小分统计”工作表中包含了各班级每一道小题的平均得分，通过其可计算出各班级的“客观题平均分”和“主观题平均分”。（备注：由于系统生成每题平均得分时已经进行了四舍五入操作，因此通过其计算“客观题平均分”和“主观题平均分”之和时，可能与根据“成绩单”工作表的计算结果存在一定误差）。

（4）利用公式计算“按学校汇总”工作表中的“客观题平均分”和“主观题平均分”，计算方法为：每个学校的所有班级相应平均分乘以对应班级人数，相加后再除以该校的总考生数。

（5）计算“按学校汇总”工作表中的每题得分率，即：每个学校所有学生在该题上的得分之和除以该校总考生数，再除以该题的分值。

（6）所有工作表中“考试学生数”“最高分”“最低分”显示为整数；各类平均分显示为数值格式并保留 2 位小数；各题得分率显示为百分比数据格式并保留 2 位小数。

3. 新建“按学校汇总 2”工作表，将“按学校汇总”工作表中所有单元格数值转置复制到新工作表中。

4. 将“按学校汇总 2”工作表中的内容套用表格样式为“表样式中等深浅 12”；将得分率低于 80% 的单元格标记为“浅红填充色深红色文本”格式，将介于 80% 和 90% 之间的单元格标记为“黄填充色深黄色文本”格式。

四、演示文稿题

请在【答题】菜单下选择【进入考生文件夹】命令，并按照题目要求完成下面的操作。

注意：以下的文件必须都保存在考生文件夹下。

请根据提供的素材文件“ppt 素材.docx”中的文字、图片设计制作演示文稿，并以文件名“ppt.pptx”存盘，具体要求如下：

（1）将素材文件中每个矩形框中的文字及图片设计为 1 张幻灯片，为演示文稿插入幻灯片编号，与矩形框前的序号一一对应。

（2）第 1 张幻灯片作为标题页，标题为“云计算简介”，并将其设为艺术字，有制作日期（格式：XXXX 年 XX 月 XX 日），并指明制作者为“考生 XXX”。

第 9 张幻灯片中的“敬请批评指正！”采用艺术字。

（3）幻灯片版式至少有 3 种，并为演示文稿选择一个合适的主题。

（4）为第 2 张幻灯片中的每项内容插入超级链接，点击时转到相应幻灯片。

（5）第 5 张幻灯片采用 SmartArt 图形中的组织结构图来表示，最上级内容为“云计算的五个主要特征”，其下级依次为具体的五个特征。

（6）为每张幻灯片中的对象添加动画效果，并设置 3 种以上幻灯片切换效果。

（7）增大第 6、7、8 页中图片显示比例，达到较好的效果。